Rainer Gölz

cb-funkfibel

Ein Handbuch für den 11-Meter-Hobbyfunker

Mit 23 Abbildungen im Text
und fünf Tabellen im Anhang

Albrecht Philler Verlag · 495 Minden

Bildnachweis

Titelseite: Gestaltung und Entwurf: B. Sievers,
dnt drahtlose nachrichtentechnik, Kelkheim

dnt: Bild 1, 2, 3, 4, 7

Reinhard Gundolf: Bild 15, 16

Henriette Rehmann: Bild 5, 6, 10–14, 17–19, 22, 23

Verfasser: Bild 8, 9, 20, 21

Alle Rechte vorbehalten

Satz und Druck: Albrecht Philler Verlag, Minden
Bindearbeiten: Heinrich Altvater KG, Minden-Todtenhausen
ISBN 3 7907 2012 7
677310

Inhaltsverzeichnis

Vorwort

Die Anzahl der im 11-m-Band tätigen Hobbyfunker hat die der Funkamateure schon weit überschritten. Mittels Funk vom Auto, vom Waldweg oder vom Wohnzimmer aus Kontakt zum Mitmenschen zu halten, wird mehr und mehr zur Selbstverständlichkeit. Durch die Freigabe des 11-m-Bandes hat das Bundesministerium für das Post- und Fernmeldewesen eine große Lücke zwischen den Kommunikationsmedien geschlossen. Durch den jedermann frei zugänglichen Sprechfunk bieten sich neue Möglichkeiten der Alltags- und Freizeitgestaltung. Im 11-m-Funkbetrieb fehlen noch die einheitlichen Richtlinien. Zu deren Schaffung und zur Information von Funkneulingen soll dieses Buch beitragen.

Weinheim, 1977

Rainer Gölz
„Bandwurm 1"

Zwischen Schwarz- und Amateurfunk

Der Sprechfunk ist eine Errungenschaft unserer technischen Zivilisation. Er vermag dem Menschen ebenso wie das Auto oder das Telefon Freude und Bequemlichkeit zu bieten.

Vor noch nicht allzu langer Zeit hatte der passionierte Funker kein leichtes Leben. Gewiß konnte er mit einigen Mühen eine Amateurfunklizenz erwerben und damit regulär „in die Luft gehen". Was taten aber diejenigen, die vom Amateurfunkwesen nicht viel hielten oder die relativ anspruchsvolle und viel technisches Fachwissen erfordernde Amateurlizenzprüfung scheuten aber trotzdem funken wollten? Sie waren gezwungen, die gesetzlichen Bestimmungen zu umgehen und gehörten hiermit der Kategorie der sogenannten Schwarzfunker an.

Wieviele Elektronikbastler haben wohl schon mit Sendeversuchen oder der Funkbrücke zur Freundin die Grenze der Legalität überschritten? Auch der Grenzschutzbeamte oder der Feuerwehrmann, der nur einmal ausprobieren wollte, wie weit er mit seinem dienstlichen Sendeempfänger senden kann, hatte die damals noch sehr strengen Bestimmungen umgangen und war ein Schwarzfunker.

„Na ja, Schwarzfunkerei ist doch ein Kavaliersdelikt. Wegen so was kommt man nicht gleich ins Gefängnis!" Wer das glaubt, sollte sich eines Besseren belehren lassen. Wollen wir doch einmal im „Gesetz über Fernmeldeanlagen" nachschlagen. Dieses Gesetz trat am 14. Januar 1928 in Kraft und besitzt noch heute volle Gültigkeit. Unter anderem heißt es da in § 15:

„Wer entgegen den Bestimmungen dieses Gesetzes eine Fernmeldeanlage errichtet oder betreibt, wird mit Freiheitsstrafe bis zu fünf Jahren oder mit Geldstrafe bestraft. Der Versuch ist strafbar.

Mit Freiheitsstrafe bis zu zwei Jahren oder mit Geldstrafe wird bestraft, wer

a) Genehmigungspflichtige Fernmeldeanlagen unter Verletzung von Verleihungsbedingungen errichtet, ändert oder betreibt,

b) nach Fortfall der Verleihung die zur Beseitigung der Anlage getroffenen Anordnungen der Deutschen Reichspost innerhalb der von ihr bestimmten Frist nicht befolgt."

Die Wahl zwischen der Kriminalität und dem Opfern vieler Freizeit für die Amateurfunkerei fiel gar manchem Funkfan schwer. So ist es nicht verwunderlich, daß viele Interessierte erst einmal die Finger von der drahtlosen Kommunikation ließen.

Die Situation erschien ausweglos. Ein Gesetz aus einer Zeit, in der es keine Funküberwachung gab und Schwarzfunker zumeist Spione oder Regimegegner waren, versperrte dem Normalbürger den Weg in den Funkäther. Das Senden war ausschließlich Privileg der Rundfunkanstalten, der staatlichen Funkdienste und einer kontrollierten und lizensierten Minderheit, der Funkamateure.

Doch legte das Bundespostministerium selber den Grundstein für den Hobbyfunk, als es in den sechziger Jahren 23 Frequenzkanäle zwischen 26,965 MHz und 27,215 MHz Behörden und Wirtschaft zur Verwendung freigab. Die 23 Kanäle wurden nach Bedarfsträgern in fünf Gruppen unterteilt.

Der menschliche Spieltrieb trug jedoch dazu bei, daß viele dieser Frequenzen nicht ausschließlich zu den im Genehmigungsantrag angegebenen todernsten Zwecken benutzt wurden. Einige Funkteilnehmer begannen einen sportlichen Telefonieverkehr. Da man jedoch nur auf den Kanälen der Gruppe, für die man eine Genehmigung hatte, senden und empfangen durfte, war der Hobbyfunk nicht besonders attraktiv. Nur der Schwarzfunker kannte einen abwechslungsreichen Verkehr mit allen Gruppen. Und so wurden viele Genehmigungsinhaber wieder illegal, weil sie auf andere, verbotene Frequenzen auswichen. In manchen Gruppen entwickelte sich kein Hobbyfunk.

Privatpersonen hatten es damals schwer, eine Genehmigung für eine Sprechfunkanlage zu erhalten, da hierzu ein Bedarfsnachweis erforderlich war. Der Antragsteller hatte auch nachzuweisen, daß der Verwendungszweck die Benutzung eines Drahtweges ausschloß. Trotz all dieser ungünstigen Umstände hatte sich der 11-m-Hobbyfunk schon im Jahre 1964 spärlich entwickelt.

Und sehr bald fiel einigen pfiffigen Leuten eine Methode ein, um ohne Schwierigkeiten an die begehrten Genehmigungen zu kommen. Sie merkten, daß gemeinnützige Institutionen mit Kraftfahrzeugen jederzeit einen Bedarf nach Sprechfunk nachweisen können. Die Benutzung eines Drahtweges zwischen Autos ist ja sowieso unmöglich. So hagelten den Fernmeldebehörden plötzlich Fluten von durch und durch begründeten Anträgen auf den Tisch, alle von Mitgliedern schnell gegründeter Notfunkdienste. Bestimmung ist Bestimmung, so wurde fast allen diesen Anträgen stattgegeben und eine Funkgenehmigung erteilt.

Und gerade diese Hilfsdienste bereiteten der Bundespost mehr Ärger als alle anderen Bedarfsträger zusammen. Vielen „Helfern" wurde die Betriebserlaubnis wieder entzogen, weil sie alles andere als Notrufe durch ihre Funkkisten jagten. Sie spielten Geheimagent oder pöbelten andere Funkteilnehmer an. Gar störten manche „Helfer" die wirklichen Nothelfer, die ihre Clubs nicht nur wegen der Funkanlage gegründet hatten, bei wichtigen und unter Umständen lebensrettenden Notrufen.

Trotzdem gebührt all diesen Herren Dank. Sehr wahrscheinlich verdanken wir nur ihnen die neuen Bestimmungen über den 11-m-Bereich. Der vielen Anträge und des Ärgers überdrüssig, stand das Post- und Fernmeldeministerium vor der Entscheidung, das 11-m-Band entweder ganz stillzulegen oder zu liberalisieren und keinen Bedarfsnachweis mehr zu verlangen.

Sehr plötzlich und überraschend für alle CB- und auch Noch-Nicht-Funker gab das Ministerium im Mai 1975 die neuen

Bestimmungen bekannt. Ab Juli desselben Jahres kann nun jedermann, ob arm oder reich, ob jung oder alt, ohne besondere Genehmigung funken. Natürlich nur auf den freigegebenen Frequenzen und mit vom Fernmeldetechnischen Zentralamt (FTZ) genehmigten Geräten.

Die Zeitungen übertrumpften sich gegenseitig mit sensationellen Meldungen und Falschmeldungen. Viele, die bis dahin nicht senden durften oder unerlaubt gesendet hatten, beantragten sofort eine Genehmigung oder beschafften sich Geräte mit PR-27-Prüfnummer, die keiner besonderen Erlaubnis bedürfen.

Da jetzt für alle Teilnehmer 12 Kanäle zur Verfügung stehen, kann jeder mit jedem sprechen. Der 11-m-Funk ist zu einem salonfähigen und interessanten Hobby geworden. Es ist keine Seltenheit mehr, daß man noch um 4 Uhr morgens Unermüdlichen beim Erfahrungsaustausch zuhören kann.

Dieses noch junge Steckenpferd ist zwar eng mit dem Amateurfunk verwandt, hier wird aber nicht etwa „Amateurfunk gespielt". Bezeichnungen wie „Kinderfunk" oder „11-m-Anarchisten", die manchmal von überheblichen Amateuren zu hören sind, wird sich jeder ernsthafte 11-m-Freund verbitten. Die meisten Funkamateure sind jedoch diesem Frequenzband gegenüber aufgeschlossen und beobachten interessiert seine Entwicklung. Immer öfter geschieht es, daß erholungsbedürftige Amateure auf 11 Meter in ein QSO einsteigen. Das Gespräch zwischen dem „Ham" und dem CBler ist zumeist sehr umgänglich und packend. Viele gemeinsame Neigungen werden entdeckt.

Andererseits bereiten sich auch zahlreiche Hobbyfunker auf die Amateurlizenzprüfung vor. Besonders technisch Interessierte, die im 11-m-Band den Reiz der Funkerei entdeckten, wollen auch mit stärkeren Sendeleistungen und auf anderen Frequenzen arbeiten.

Doch auch auf 27 Megahertz sind unter günstigen Bedingungen internationale Weitverbindungen mit legalen Anlagen möglich. Das ist jedoch nicht der Zweck der Sache. Das 11-m-Band ist für kleine Reichweiten und viele Teilnehmer ausgelegt. Rücksichtsloses und egoistisches Streben nach DX-Verkehr ist fehl am Platze und macht ganze Kanäle unbrauchbar.

Der Jedermannfunk ist bei uns wie in den Vereinigten Staaten zu einem wertvollen Instrument der zwischenmenschlichen Beziehungen geworden. Wer mit einem Funkgerät ausgerüstet ist, findet immer und überall Freunde. In keiner fremden Stadt oder noch so ausweglosen Situation ist der CB-Freund hilflos und alleine. Es wurden schon viele Menschenleben gerettet, weil über 11 m rechtzeitig um Hilfe gerufen wurde.

Das alles läßt hoffen, daß das C-Band um noch einige freigegebene Kanäle erweitert wird, bevor es wegen völliger Überbelegung unbrauchbar ist. Vielleicht werden auch noch andere Frequenzbänder für den Jedermannfunk erschlossen. Eines ist jedoch sicher: In wenigen Jahren wird das Funkgerät im Auto und im Wanderrucksack ebenso selbstverständlich wie das Telefon im Heim sein.

Die Bestimmungen

Im Nachfolgenden Auszüge aus den „Bestimmungen über Sprechfunkanlagen kleiner Leistung im Frequenzbereich 26,960 ...27,280 MHz" (Amtsblatt des Bundesministeriums für das Post- und Fernmeldewesen Nr. 70 vom 22. 5. 1975, Verfügung Nummer 393)

§1 Begriffsbestimmungen

(1) Sprechfunkanlage kleiner Leistung im Frequenzbereich 26 960. . .27 280 KHz

Eine Sende- und Empfangsfunkanlage (Sender und Empfänger einschließlich zugehöriger Antenne und zugehörigem Netz- und Bediengerät) des nichtöffentlichen beweglichen Landfunkdienstes, die ortsfest oder beweglich errichtet und in der Betriebsart „Wechselsprechen auf 1 Frequenz" auf einer oder mehreren der in § 4 Abs. 2 genannten Frequenzen betrieben werden kann.

„Nichtöffentlicher beweglicher Landfunkdienst" bedeutet nichts anderes als „irgendwer mit einem Funkgerät". Zu beachten ist, daß nicht nur das Gerät alleine die Anlage darstellt, sondern die Ganzheit aus Sendeempfänger, Antenne, Bediengerät und Stromversorgung. Alle diese Teile müssen den Bestimmungen entsprechen.

(2) Sprechfunkanlage wie vorher, ortsfest

Eine Sprechfunkanlage, die ortsfest ist und deshalb nicht während der Bewegung betrieben werden kann, und die dem Funkverkehr mit beweglichen Sprechfunkanlagen dient; Sender und Empfänger sowie Antenne und Bediengerät können örtlich voneinander getrennt errichtet werden.

Das Ministerium hat beim Erlaß der Verfügung nicht im Geringsten an einen Hobbyfunk gedacht. Das 11-m-Band ist ja ursprünglich für Bedarfsträger mit autarkem Funknetz, das aus der Zentrale (Feststation) und Satellitstationen besteht, eingerichtet worden. Bei solchen Netzen besteht kein Anlaß zum Verkehr zweier Feststationen miteinander. Ein solcher Verkehr ist nun kurioserweise nicht legal, da er in den Begriffsbestimmungen nicht vorgesehen ist. Da aber hiermit nichts bezweckt wird, wird wohl kaum ein ortsfester Funker wegen des Verkehrs mit einer anderen Feststation zur Anzeige gebracht werden.

> (3) Sprechfunkanlage nach Abs. 1, beweglich
> Eine Sprechfunkanlage, die beweglich ist und deshalb auch während der Bewegung betrieben werden kann, und die als tragbares oder in ein Fahrzeug eingebautes Gerät dem unmittelbaren Funkverkehr mit ortsfesten oder anderen beweglichen Sprechfunkanlagen dient; alle Einrichtungen müssen entweder als Einheit in einem Gerät vereint sein (tragbares Gerät) oder in ein und demselben Fahrzeug errichtet sein.

Die Sprechfunkanlage ist entweder beweglich oder ortsfest. Zwischenlösungen sind nicht erlaubt. Ein Mobilgerät mit Netzteil ist ebenso illegal wie eine an der Autobatterie betriebene Feststation. Auch ist jegliche stationäre Antenne für Mobilgeräte nicht zulässig. Ein enthusiastischer Funkfreund, der sowohl gerne vom Kraftfahrzeug als auch von der Hochantenne zuhause aus sendet, muß in den sauren Apfel beißen und sich zwei Geräte leisten, wenn er sich nicht strafbar machen will.

> §2 Geltungsbereich
> Diese Bestimmungen gelten für alle in § 1 bezeichneten Sprechfunkanlagen, die im Geltungsbereich des Gesetzes über Fernmeldeanlagen errichtet und betrieben werden.

Das Gesetz über Fernmeldeanlagen gilt für die Bundesrepublik Deutschland und West-Berlin. In anderen Ländern muß sich der 11-m-Funker nach den dortigen Bestimmungen (wenn es welche gibt) richten. Auf gar keinen Fall ist aber der Funkkontakt mit dem Ausland untersagt, wie es manche Kritiker verstanden haben.

§3 Genehmigungsformen
Voraussetzungen für die Genehmigung
(1) Zum Errichten und Betreiben ortsfester Sprechfunkanlagen an Antennen ohne Richtcharakteristik können einzelnen natürlichen oder juristischen Personen Einzelgenehmigungen erteilt werden, wenn die Sprechfunkanlage und die zugehörigen Einrichtungen eine FTZ-Serienprüfnummer der Kennbuchstabenreihe „KF . . .“ tragen.

Zugelassene Feststationen müssen eine mit den Buchstaben KF beginnende Prüfnummer tragen. Handfunk- und Mobilgeräte tragen eine mit PR 27 beginnende Nummer, wenn sie vom FTZ zugelassen worden sind.

(2) Zum Errichten und Betreiben beweglicher Sprechfunkanlagen mit einer „PR 27 . . .“ wird die im Anhang 1 dieser Bestimmungen bekanntgegebene „Allgemeine Genehmigung“ erteilt.

Es wäre unnötig und würde den Rahmen dieses Büchleins sprengen, diese auch nur auszugsweise abzudrucken. Die Allgemeine Genehmigung sollte jedem PR 27-Gerät beim Kauf beigelegt sein. Wo dies nicht der Fall ist, sollte man sie vom Verkäufer oder Vorbesitzer des Geräts verlangen.

Die Allgemeine Genehmigung stellt eine generelle Betriebserlaubnis für alle PR 27-Mobilgeräte dar. Die Post empfiehlt, einen Nachdruck derselben beim Funken immer dabeizuhaben. Ob diese Empfehlung sinnvoll ist oder nicht, sei dahingestellt. Wohl jeder Polizeibeamte und jede Funkmeßwagenbesatzung kennt diese Genehmigung.

Die Erlaßbehörde behält sich ein Widerrufen der Genehmigung sowohl insgesamt als auch in Einzelfällen vor. Besonders bei Fernsehstörungen (TVI) oder Rundfunkstörungen (BCI) verursachenden Geräten kann der Betrieb sofort untersagt werden.

Ausdrücklich wird erwähnt, daß diese Sprechfunkanlagen nicht zum Abhören des nichtöffentlich gesprochenen Wortes eines anderen verwendet werden. Hier wird das Parkett sehr glatt. Jedes auf 11 m gesprochene Wort hat nichtöffentlichen Charakter, da Rundsprüche und überhaupt rundfunkähnliche Sendungen verboten sind. Gewiß werden immer wieder Gespräche teilweise oder ganz mitgehört. Das ist aber kein Abhören, und dagegen wird auch nichts einzuwenden sein. Das Wissen über ein solches Gespräch darf nach geltendem Recht an keinen Dritten weitergegeben werden, ausgenommen es handelt sich um einen Notruf. Es ist somit ratsam mit Erzählungen über Gehörtes vorsichtig zu sein.

§4 Betriebsfrequenzen

(1) Der Frequenzbereich 26 960. . .27 280 KHz (27 120 KHz ± 0,6 %) ist international für wissenschaftliche, industrielle und medizinische Zwecke vorgesehen. In diesem Frequenzbereich wird eine große Anzahl von Hochfrequenzgeräten betrieben; für Funkanlagen zur Fernsteuerung von Modellen und weiteren Arten von Funkanlagen wird dieser Frequenzbereich ebenfalls genutzt. Beim Betrieb von Sprechfunkanlagen innerhalb des oben genannten Frequenzbereiches muß deshalb mit schädlichen Störungen durch Hochfrequenzgeräte und andere Funkanlagen gerechnet werden.

Das Band ist tagsüber wirklich mit schlimmen Störungen verseucht. Besonders Kanal 14 wird von den medizinischen Hochfrequenzgeräten, die auf 13,56 MHz und sämtlichen Oberwellen davon arbeiten, in Mitleidenschaft gezogen. Ausländische Rundfunksender und die Modellbaufrequenzen zweiter Wahl machen zu bestimmten Zeiten ganze Kanalgruppen unbrauchbar. In der Nachbarschaft bestimmter Industrieanlagen brummt und prasselt der Empfänger so sehr, daß Funken unmöglich wird.

Die Post dokumentiert hier selbst, daß sie der Allgemeinheit Frequenzen dritter Klasse zur Verfügung gestellt hat. Hiermit werden Störungsanzeigen besonders von den gebührenzahlenden Bandbenutzern von vornherein nutzlos. In der Allgemeinen Genehmigung wird darauf hingewiesen, daß der Genehmigungshalter keinen Schutz vor solchen Störungen genießt.

(2) Der Frequenzbereich 26 960. . .27 280 KHz wird in genormte Kanäle mit genormten Kanalnummern aufgeteilt. Hiervon stehen für die Betriebsart „Wechselsprechen auf 1 Frequenz" ortsfester und beweglicher Sprechfunkanlagen zur Verfügung und gelten aufgrund einer Einzelgenehmigung (für eine ortsfeste Sprechfunkanlage) oder der „Allgemeinen Genehmigung" (für bewegliche Sprechfunkanlagen) als zugeteilt:

Frequenz	Kanal-Nr.	Frequenz	Kanal-Nr.
27 005 KHz	4	27 075 KHz	10
27 015 KHz	5	27 085 KHz	11
27 025 KHz	6	27 105 KHz	12
27 035 KHz	7	27 115 KHz	13
27 055 KHz	8	27 125 KHz	14
27 065 KHz	9	27 135 KHz	15

Diese Kanal-Nummer-Norm wurde von der CEPT empfohlen, und soll in Zukunft in ganz Europa eingeführt werden. Diese Normierung stimmt auch mit den amerikanischen Kanal-Nummern überein.

§6 Genehmigungsverfahren

(1) Der Antrag auf Erteilen der Genehmigung zum Errichten und Betreiben einer ortsfesten Sprechfunkanlage ist auf einem Formblatt nach Muster des Anhangs 2 bei dem für den Wohnsitz oder Sitz des Antragstellers zuständigen Fernmeldeamt (Anmeldestelle für Fernmeldeeinrichtungen) einzureichen.

Die Bearbeitung des Antrags dauert zur Zeit etwa vier bis acht Wochen. Jedes Fernmeldeamt sollte diese Vordrucke vorrätig haben. Zu beachten ist, daß ein abgegebener Antrag noch keine Genehmigung zum Betreiben der Anlage darstellt.

Nicht nur das Betreiben einer solchen Anlage ist genehmigungspflichtig, auch das Errichten. Eine betriebsbereite Funkanlage gilt als errichtet. Der Besitz von Funkgeräten an sich ist nicht strafbar, aber das Errichten einer genehmigungspflichtigen Anlage ohne Betriebserlaubnis. Deshalb haben vorsichtige Händler „heiße" Geräte immer ohne eingelegten Batteriesatz im Laden stehen. Ob eine betriebsbereite Handgurke mit eingeschobener Teleskopantenne als errichtet zu betrachten ist oder nicht, ist eine kniffelige Frage. Wohl jeder Richter würde sich daraufhin errötend in seine Bibliothek zurückziehen und um Bedenkzeit bitten.

> (2) Genehmigungen zum Errichten und Betreiben ortsfester Sprechfunkanlagen werden von den für den jeweiligen Errichtungsort zuständigen Fernmeldeämtern mit Funkstörungsmeßstellen auf Formblättern nach Muster des Anhangs 3 erteilt. Soweit die Deutsche Bundespost nicht im Einzelfall eine kürzere Frist für notwendig hält, wird eine Genehmigung auf zehn Jahre nach dem Zeitpunkt ihres Inkrafttretens befristet. Die Genehmigung wird unter den in der Genehmigungsurkunde aufgeführten kennzeichnenden Merkmalen und Auflagen erteilt.
>
> 1. Richtantennen sind nicht zugelassen.

Mit dem Verbot von Richtantennen sollen große Reichweiten und vor allem Störungen der 11-m-Benutzer untereinander vermieden werden. Die Richtantenne strahlt die Sendeenergie gebündelt in nur eine Richtung ab. Auch kann nur aus einer Richtung empfangen werden. Stationen und Störträger, die von hinten oder von der Seite kommen, werden kaum aufgenommen.

Mit dieser Auflage stößt die Post bei den Hobbyfunkern auf viel Unverständnis. Die Erfahrung hat gezeigt, daß gerade der Gebrauch von Richtantennen (Beams) sehr dazu beiträgt, daß sich die Funker nicht gegenseitig den Kanal „zunageln".

2. Mit der Genehmigung wird auch ein Rufname für den Betrieb zugeteilt; es ist dies im allgemeinen der Name des Genehmigungsinhabers, ggf. auch in abgekürzter Fassung. Dem Vorschlag des Antragstellers für die Zuteilung kann entsprochen werden.

Mit dieser zweiten Auflage wird wohl bewußt den bisherigen Schwarzfunkern die Möglichkeit geboten, ihren Rufnamen zu legalisieren. Viele langjährige Gesetzesbrecher hätten keinen Antrag gestellt, wenn sie ihr Rufzeichen, an das sie sich und andere gewöhnt haben, nicht hätten behalten können.

Mit der Verschlüsselung des Namens im Rufzeichen werden eventuell notwendige Nachforschungen für die Fernmeldebehörden erleichtert.

(3) Die im Anhang 1 bekanntgegebene „Allgemeine Genehmigung" berechtigt jede natürliche oder juristische Person im Geltungsbereich des Gesetzes über Fernmeldeanlagen eine beliebige Anzahl von beweglichen Sprechfunkanlagen unter den in der Genehmigung genannten Auflagen und Bedingungen zu errichten und zu betreiben. Sie gilt nicht für Personen, die

a) den Geltungsbereich des Gesetzes über Fernmeldeanlagen verlassen oder

b) eine Sprechfunkanlage in der „Allgemeinen Genehmigung" beschriebenen Art ortsfest oder elektrisch und/oder mechanisch verändert verwenden.

Ein sehr wichtiger Abschnitt. CB-Funker dürfen weder basteln noch ihr PR 27-Gerät ortsfest verwenden. Die Allgemeine Genehmigung erlischt theoretisch schon, wenn das defekte Gerät mit einem etwas abweichenden Bau- oder Bedienteil versehen wird. Hier unterscheidet sich der Hobbyfunk wesentlich vom Amateurfunk.

§7 (2) „Allgemeine Genehmigung"
Die „Allgemeine Genehmigung" erlischt, wenn und soweit sie die Genehmigungsbehörde ganz oder teilweise oder für einzelne Sprechfunkanlagen oder Geräteteile widerruft.

Das Postministerium läßt mit diesem Satz keinen Zweifel, daß es sich bei der Allgemeinen Genehmigung um ein Experiment handelt. Sollte dieses Experiment, das von sämtlichen europäischen Post- und Fernmeldebehörden aufmerksam beobachtet wird, schiefgehen und zu einem Chaos auf dem Band führen, wird die Allgemeine Genehmigung sehr bald der Vergangenheit angehören.

§8 Gebühren
(1) Einzelgenehmigungen
1. Für die Genehmigung zum Errichten und Betreiben einer ortsfesten Sprechfunkanlage kleiner Leistung im Frequenzbereich 26 960. . .27 280 KHz (Einzelgerät) wird eine monatliche Gebühr von 15,– DM erhoben (FGNr. 05703).

Die Post betrachtet diese nicht unerhebliche Gebühr hauptsächlich als einen Ersatz für entgangene Telefongebühren. Deshalb wird sie bei den Behörden auch als „Gesprächsausfallsgebühr" bezeichnet.

Wer eine KF-Feststation betreiben möchte, sollte sich vorher darüber im Klaren sein, daß ihm im Jahr 180 DM an Gebührenkosten entstehen.

2. Für das durch den Genehmigungsinhaber zu verantwortende Ausstellen einer Zweitschrift der Genehmigungsurkunde wird eine einmalige Gebühr von 10,– DM erhoben (FGNr. 05704).
3. Die Pflicht zur Zahlung der Genehmigungsgebühr beginnt mit dem 1. des Monats, in dem die Genehmigung in Kraft tritt; Sie endet mit Ablauf des Monats, in dem die Genehmigung erlischt.

4. Diese Gebühren werden mit der Fernmelderechnung eingezogen. Für die Einziehung und Verjährung dieser Gebühren gelten die Bestimmungen der Fernmeldeordnung, für die Folgen bei nichtfristgerechter Zahlung darüber hinaus die Bestimmungen des Verwaltungsvollstreckungsgesetzes. Gebührenschuldner ist der Inhaber der Genehmigung.

Natürlich muß kein Genehmigungsinhaber zehn Jahre lang diese Gebühren bezahlen, wenn er aufhören möchte zu funken. Wenn beim zuständigen Fernmeldeamt bis zum 1. Werktag eines Kalendermonats die schriftliche Verzichtserklärung des Inhabers einer Genehmigung eingeht, ist für diesen Monat keine Gebühr mehr zu zahlen.

(2) „Allgemeine Genehmigung"
Für das Errichten und Betreiben von beweglichen Sprechfunkanlagen kleiner Leistung im Frequenzbereich 26960 . . .27280 KHz aufgrund der im Anhang 1 bekanntgegebenen „Allgemeinen Genehmigung" werden keine Gebühren erhoben.

Mobil- und Handfunkgeräte „PR 27" sind anmelde- und gebührenfrei. Das ist eine sehr funkerfreundliche Bestimmung, die in ganz Europa einzigartig ist.

Der Funkfreund, der die neuen 11-m-Bestimmungen vollständig lesen möchte, kann das Amtsblatt Nr. 70/Jahrg. 75 vom Vertrieb amtlicher Blätter des BPM, Postamt 5 Köln 1, Fach 109001 für 20 Pfennige beziehen. Darin sind auch die Bestimmungen über die alten Geräte mit K-Prüfnummer und die Allgemeine Genehmigung abgedruckt.

KF- und PR 27-Geräten wird eine maximale Hochfrequenzausgangsleistung von 500 mW zugebilligt. Zudem dürfen sie nur mit den freigegebenen zwölf Kanälen 4 bis 15 bequarzt sein. Es sind aber noch unzählige Geräte mit den alten K-Prüfnummern im Betrieb, einige davon noch auf den alten Frequenzgruppen. K-Geräte dürfen 5 Watt Verlustleistung im Sender haben und bringen 1 bis 1,5 Watt HF auf die Antenne. Was wird nun aus diesen stärkeren Geräten?

Die Post hat sie nicht etwa gleich mit dem Erscheinen der neuen Bestimmungen verboten und damit wertlos gemacht. Die Genehmigungen für diese Geräte bleiben unbefristet gültig. Da die Genehmigung für ein K-Gerät aber auch nur zehn Jahre läuft, und in zehn Jahren bestimmt kein solches mehr betrieben werden darf, ist sein Betrieb dennoch befristet. Aber bis 31. 12. 1976 kann man noch die Genehmigung für ein K-Gerät ab der Nummer K 79/68. . . beantragen. Mit dieser Übergangsregelung gibt die Erlaßbehörde Industrie und Händlern die Gelegenheit ihre Lager zu räumen.

Doch es bietet sich auch die Gelegenheit für die CB-Funker, die sich noch kurz vor Ladenschluß ein stärkeres Gerät zulegen möchten. Ein Bedarf braucht für diese Erlaubnis nicht mehr nachgewiesen zu werden. Dafür muß das Gerät allerdings mit freigegebenen Kanälen ausgerüstet werden. Frequenzen der alten Gruppen wurden endgültig im Dezember 1975 zum letztenmal zugeteilt. Mit mehr als sechs Kanälen darf kein Gerät mit K-Nummer ausgerüstet sein. Das hängt mit der Aufteilung der alten Kanalgruppen zusammen. Auch vorher wurde eine K-Genehmigung für maximal sechs Kanäle erteilt. Sollte ein Gerät für mehr als sechs Kanäle ausgelegt sein, wird nach der Antragstellung der Kanalumschalter von der Funkstörungsmeßstelle auf sechs Schalterstellungen begrenzt.

Für ein K-Gerät beträgt die monatliche Gebühr 5 DM. Zur Antragstellung wird dasselbe Formblatt wie für den KF-Antrag benutzt. Nur wird hierzu im Antragskopf das Wort „ortsfesten“ gestrichen.

K-Genehmigungsinhaber, die ihre Genehmigung vor dem 1. 1. 1976 erhielten, haben die Möglichkeit, ihr Gerät anmeldungsfrei auf die freien Kanäle umzurüsten. Das ist jedoch nicht ratsam. Die alten Kanäle sollten so lange wie möglich noch benutzt werden. Die freigegebenen Kanäle 4 bis 15 sind zum Großteil so überfüllt, daß die ruhigeren alten Frequenzen zu einer Oase des Friedens werden. Diese weniger benutzten Frequenzen sollten von den 11-m-Funkern nicht aufgegeben werden.

Die Sprechfunkausrüstung

Wer sich ein 11-m-Funkgerät zulegen will, sollte sich vorher genau überlegen, welche Geräteart für seine Zwecke und Möglichkeiten passend ist.

Ein Portabelgerät ist ideal für den Naturfreund und Wanderer. Auch der Funker, der kein Auto besitzt und keine teure Feststation unterhalten will, ist mit einer Handgurke gut beraten. So ein Handgerät wiegt nicht viel, ist leicht zu transportieren und kann von einem guten Standort aus beachtliche Reichweiten erzielen. Ein großer Nachteil solcher Geräte besteht darin, daß sie nur mit der eingebauten Teleskopantenne betrieben werden dürfen. Auch ist ihre Ausgangsleistung nicht allzu groß, weil der Batterie- oder Akkusatz nicht sehr beansprucht werden kann.

Wer oft und gerne mit seinem Auto unterwegs ist, sollte sich ein Mobilgerät kaufen. Mit ihm läßt sich auch bei Regenwetter und auf mehr Kanälen als bei einem Handgerät senden. Mit der Mobilstation sind im allgemeinen größere Reichweiten zu erzielen, weil sie mehr Strom verbrauchen darf als ein Handgerät. Entscheidend ist auch, daß auf dem Dach des Kraftfahrzeugs alle zulässigen Antennen montiert werden können. Ein Auto stellt mit seiner Metallmasse zudem ein hervorragendes Gegengewicht für die Abstrahlung dar.

Wer bequem vom Sessel im Wohnzimmer aus Funkverbindung zur Umwelt halten möchte und eine Hochantenne anbringen kann, ist zum Feststationsfunker geeignet. Eine solche Anschaffung lohnt sich aber nur, wenn man nicht im tiefsten Tal oder zwischen Eisenbetongiganten sein Domizil hat. Auch wenn mit Empfangsstörungen durch benachbarte Hochspannungsleitungen oder Bahnlinien zu rechnen ist, ist das Betreiben einer kostspieligen Feststation unsinnig. Häuser mit ungestörter und unverbauter Hanglage sind geradezu prädestiniert für eine KF-Station.

Bild 1 Handfunk-Sprechgerät

Geräte, die zum Hobbyfunken benutzt werden sollen, brauchen eine gute Ausgangsleistung. Die im Rahmen der Bestimmungen höchstmögliche Leistung ist gerade gut genug. Der Funker sollte sich beim Kauf eines Gerätes nicht auf die Angaben in Prospekten verlassen, sondern sich die Geräteleistung und den Modulationsgrad messen lassen. Alleine aus diesem Grund ist von Billigangeboten abzuraten. Bei PR 27- und KF-

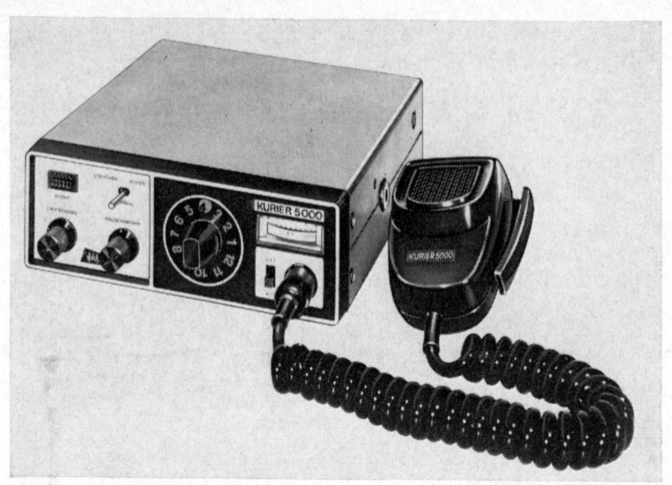

Bild 2 Ein Mobilgerät der Luxusklasse

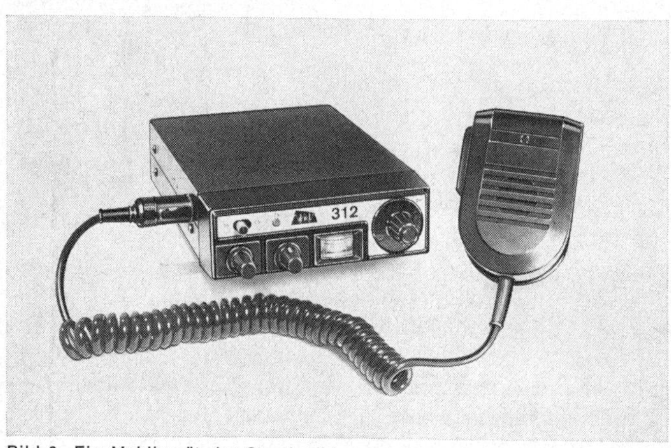

Bild 3 Ein Mobilgerät der Standardklasse

Geräten ist eine HF-Ausgangsleistung von 400. . .500 Milliwatt (unmodulierte Trägerleistung) ideal. Der Modulationsgrad darf nicht unter 70 % liegen.

Der Kauf eines optimal abgeglichenen Gerätes ist bei der heutigen Fließbandproduktion ein seltener Glücksfall. An den Meßplätzen sitzen in den meisten Fabrikationsstätten angelernte Kräfte, die recht und schlecht nach Anweisungen den Sender einstellen. Kann man mangels Meßplatz oder Sachkenntnis das Gerät selbst nicht einstellen, ist es angebracht, diesen Service vom Verkäufer zu verlangen.

Da beim Sprechfunk nicht nur der Sender eine wichtige Rolle spielt, sondern auch der Empfänger, ist beim Kauf auch auf dessen Daten zu achten. Die Empfindlichkeit unseres Empfängers darf nicht schlechter sein als 0,8 µV bei 10 dB S/N (Signal/Noise = Signal/Rauschverhältnis). Gute Geräte sollten eine Empfindlichkeit von mindestens 0,5 µV aufzeigen.

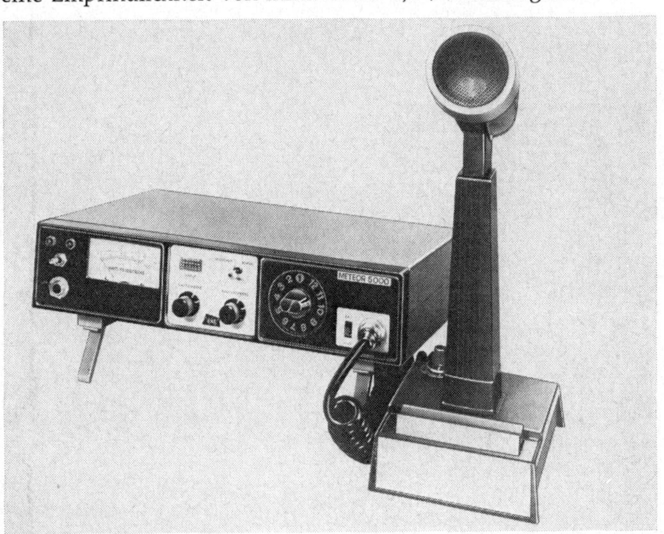

Bild 4 Eine KF-Feststation

Steht ein zweites Funkgerät zur Verfügung, kann man sehr einfach den Empfänger abgleichen und auf maximale Empfindlichkeit bringen. Der zweite Sendeempfänger wird dabei als Meßsender benutzt. Man setzt hierzu einen Sendequarz des abzugleichenden Gerätes in den Empfangsteil des zweiten. Schaltet man nun beide Geräte auf Empfang und stellt die Kanalschalter auf dieses Quarzpaar ein, hört man in dem Empfänger des abzugleichenden Geräts ein konstantes Rauschen. Mit einem Plastikschraubenzieher kann man nun den Schwingkreis und die Filter auf maximales Rauschen abstimmen. Mit dieser äußerst einfachen Methode ließen sich schon viele Geräte ohne besondere Meßmittel auf doppelt so große Empfindlichkeit trimmen. Es ist allerdings darauf zu achten, daß man nicht aus Leichtsinn die Zwischenfrequenz verstimmt. Ein Beachten des Schalt- und Platinenaufbauplans, die jedem Gerät beigegeben sind, ist unerläßlich.

Die Niederfrequenz-Ausgangsleistung (Sprechleistung) von Mobil- und Festgeräten soll mindestens bei einem Watt liegen.

Bild 5 Innenansicht eines 2-W-Handgeräts

Auch bei Handgeräten darf diese nicht unter einem halben Watt sein, um gute Verständlichkeit des Lautsprechers zu gewährleisten.

Die in die Funkgeräte eingebauten Kontrollinstrumente zur Signalstärke- und HF-Ausgangsleistungsmessung sind oft ungenügend. Viele dieser Instrumente sind viel zu klein, um befriedigende Ablesung zu ermöglichen. Auch sind sie zumeist ungenau oder gar nicht geeicht. Ein Mini-Instrument, von dem keine genauen Werte ablesbar sind, ist genauso gut wie gar keines. Die meisten S-Meter sind mit einem Trimmpotentiometer, das auf der Geräteplatine sitzt, einzustellen.

Bei vielen Geräten ist die Rauschsperre (Squelch) zu bemängeln. Bis zu einem bestimmten Punkt läßt sie sich einregeln, ohne daß ein Dämpfungseffekt zu bemerken ist, um dann bei der nächsten, geringsten Drehung des Knopfs alle Signale radikal abzuschneiden.

Teure und sehr trennscharfe Empfänger sind mit Delta-Tuning ausgestattet. Diese Einrichtung gestattet es, Frequenzabweichungen der Gegenstation nach oben oder unten hin auszugleichen. Der Ausgleich kann je nach Gerät bis zu ± 3 KHz gewählt werden.

Fast alle Mobilgeräte besitzen eine Störbegrenzungsschaltung. Diese besteht oft einfach aus zwei antipolar in den Niederfrequenzverstärker geschalteten Dioden. Diese Dioden schließen kurzzeitige starke Störimpulse kurz. Daß diese Methode der Störbegrenzung nicht das Ei des Kolumbus darstellt, wissen alle Mobilfunker, die im Vertrauen darauf ihr Auto nicht entstört haben.

Eine etwas wirkungsvollere und luxuriösere Erfindung ist die Störaustastung. Die Störimpulse werden bei diesem Prinzip verstärkt und demoduliert. Die so entstandenen kurzen Gleichspannungsimpulse sperren eine winzige Zeitspanne den Empfänger. Die Störaustastersysteme lassen zwar Zündfunkenstörungen zurückgehen, machen aber die Entstörung der Zündanlage leider noch nicht überflüssig.

Geräte mit einem großen Kanalbereich werden gerne in Synthesize-Technik ausgeführt. Bei dieser Technik werden die Frequenzen zweier quarzstabilisierter Oszillatoren gemischt und zur endgültigen Sende- oder Empfangsfrequenz synthesiert. Dabei wird trotz der aufwendigeren Schaltung viel Geld für Quarze gespart. Es ist ein Gerücht, daß bei diesen Geräten mehr Oberwellenstörungen als bei herkömmlichen Geräten auftreten.

Sämtliche 11-m-Funkgeräte sind für Steckquarze mit genormtem Sockel HC-25/U ausgelegt. Im Notfall lassen sich auch HC-18/U-Quarze einsetzen. Man muß bei diesen lediglich vorher die Anschlüsse zur Hälfte umbiegen und verlöten. Die Empfängerquarze haben eine andere Resonanzfrequenz als die Sendequarze. Im Anhang ist hierzu eine Tabelle abgedruckt.

Bei vielen technischen Daten und Angaben finden wir die Bezeichnung dB. Diese Abkürzung steht für das logarithmische

Bild 6 Steckquarze HC-25/U

Maß Dezibel. Es mißt das Verhältnis zweier Amplituden (Spannungen) oder Leistungen. Ein Unterschied von 3 dB bedeutet eine Verdopplung der Leistung, 6 dB eine Verdopplung der Amplitude. Dieses Maß ist insofern wertvoll, als es gleichgültig ist, welche Leistung (oder Spannung) man als Ausgangspunkt wählt. Im Anhang findet sich eine ausführliche dB-Tabelle. Das Dezibel wird auch noch zur Messung des Verhältnisses anderer Größen angewandt. Zu erwähnen ist noch, daß zur Reichweitenverdoppelung im 11-m-Band ungefähr eine Vervierfachung der Sendeleistung (6 dB) nötig ist.

Eine gute Modulation ist nicht nur für die Verständlichkeit einer Sendung wichtig. Mit der Modulation läßt sich die Reichweite des Senders entscheidend verändern. Die in Handsprechfunkgeräten als Mikrofon verwendeten Lautsprecher haben einen großen Klirrfaktor, weshalb die Modulation eines solchen Geräts bei schwächstem Signal unverständlich bleibt. Zur besseren Verständlichkeit tragen daher dynamische Mikrofone bei. Bei sehr billigen Handmikes (Japan) ist Vorsicht geboten. Sie bestehen oft nur aus einem Plastikgehäuse und einem Kleinstlautsprecher.

Eine schöne Reichweitenverbesserung bei gleichgroßer Sendeleistung läßt sich mit Mikrofonvorverstärkung und Sprachprozessor erzielen. Die menschliche Sprache besitzt einen so großen Dynamikbereich, daß laute Töne eine etwa fünffach größere Amplitude als die Durchschnittslautstärke erreichen. Es besteht bei einem wirkungsvollen Modulationsgrad die Gefahr der Übermodulation. Will man diese vermeiden und dreht den Modulationsgrad zurück, verschenkt man wertvolle Sendeenergie. Der Sprachprozessor befreit uns aus dieser Zwickmühle. Das verstärkte Mikrofonsignal wird zuerst logarithmisch begrenzt und nach NF-Kompression und Regelverstärkung gefiltert. Hierdurch erzielt man einen Zuwachs bis zu zwei S-Stufen bei gleich starker Trägerausgangsleistung.

Viele CB-Funker haben nach der Devise „je lauter, desto besser“ den Modulationsverstärker ihres Gerätes so weit wie nur irgend möglich aufgedreht. Eine solche Übermodulation bringt keineswegs etwa einen Reichweitengewinn. Im Gegenteil, die Ausgangsleistung des Gerätes wird durch Übermodulation gesenkt. Zudem wird die Sprache bis zur Unkenntlichkeit verzerrt. Auch werden durch extreme Modulationseinstellungen unnötige Nachbarkanalstörungen verursacht. Grob läßt sich die Modulation mit einem zweiten Gerät, das den Monitor darstellt, einstellen. Ein Freund oder die „Oberwelle" stellt sich hierzu mit dem eingeschalteten zweiten Gerät in Sichtweite auf. Die Antenne des Monitors ist hierbei abgehängt oder eingeschoben, um ein zu starkes Signal zu vermeiden. Man spricht nun mit mittlerer Lautstärke und einem Abstand von 10 cm ins Mikrofon und dreht dabei gleichmäßig am Einstellregler für die Modulation. Das Trimmpoti ist zumeist zwischen Sender und NF-Verstärker auf der Platine zu finden. Die Monitor-

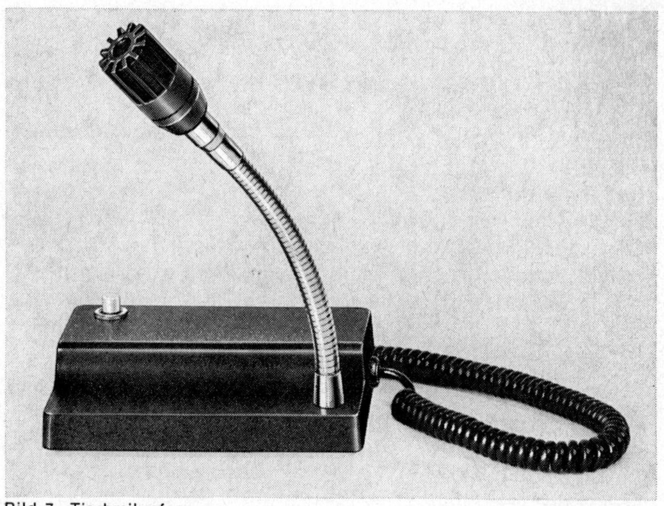

Bild 7 Tischmikrofon

station gibt mit Handzeichen an, wenn eine starke, aber noch unverzerrte Modulation erreicht ist.

Der glückliche Besitzer eines Oszilloskops kann den Modulationsgrad natürlich genau nach der Sinusamplitude einstellen. Der Senderausgang wird mit einem Koppelkreis und einer Diode an den Y-Eingang des Instruments gelegt. Bei Übermodulation ist die Amplitudenspitze deutlich beschnitten und zackig. Ein Sinustongenerator ist bei dieser Arbeit sehr hilfreich. Doch meistens genügt auch ein mittellautes Intonieren des Vokals „i".

Bei einem Gerät, das von der Antenne abgekoppelt ist, darf nie die Sendetaste gedrückt werden. Auch wenn das Stehwellenverhältnis mehr als 2,5 beträgt, sollte man nicht senden. Wird der Sender ohne Ausgangslast betrieben, riskiert man die Zerstörung der Endstufe.

In den Bedienungsanleitungen von Handgeräten steht zwar, daß man nur mit voll ausgezogener Teleskopantenne senden sollte. Dennoch konnte ich die Erfahrung machen, daß, selbst wenn nur zwei Elemente der Antenne ausgezogen sind, an der Endstufe nichts kaputtgeht. Es ist bei beengtem Bewegungsraum manchmal unmöglich, die Teleskopantenne in ganzer Länge auszufahren. Dadurch ist auch ein Regulieren der Feldstärke möglich. Wenn im Nahverkehr nur ein paar hundert Meter überbrückt werden sollen, ist es unsinnig, einen Kanal mit der vollen Sendeleistung zu belegen. Zur Vorsicht ist es angebracht, keine allzu langen Sendedurchgänge in einem solchen Fall zu machen.

Die Reichweite eines Handgerätes läßt sich durch ein Gegengewicht zur Antenne entscheidend vergrößern. Durch das Anbringen eines solchen, das lediglich aus einem Stück Draht besteht, wird die Antenne zu einem Hertz-Dipol. Der Draht, der eine Länge von 2,63 m haben soll, wird einfach mit dem Metallgehäuse des Gerätes verbunden. Das Gegengewicht kann auch kürzer sein, erbringt aber dann nicht den optimalen Erfolg. Es ist fraglich, wie die Bundespost zu dieser harmlosen

Reichweitenverbesserung steht. Es wird zwar kein Eingriff in dem Gerät vorgenommen, doch bewirkt das Gegengewicht eine elektrische Veränderung im weitesten Sinn.

Soll ein Gerät mit Minus an Masse in ein Fahrzeug, bei dem der Pluspol am Chassis liegt, eingebaut werden, muß das Gehäuse des Geräts isoliert von der Fahrzeugmasse angebracht werden. In die Abschirmung des Antennenkabels wird ein Kondensator mit einem Wert von 0,01 µF und 500 V Betriebsspannung in Serie geschaltet. Der Kondensator ist in Gerätenähe, am besten direkt am PL-Stecker zu montieren, um gute Abschirmung zu gewähren. Diese Methode ist auch dann anzuwenden, wenn ein Gerät mit Plus am Gehäuse in ein Fahrzeug mit Minus an der Masse eingebaut wird.

Der Störabstand zum Nachbarkanal, die Nahselektivität, wird in dB angegeben. Je größer dieser Wert ist, um so brauchbarer ist das Gerät, weil es eine bessere Trennschärfe besitzt. Eine bessere Trennschärfe vermindert die Gefahr von Überschlägen vom Nachbarkanal. Der Störabstand sollte bei 10 KHz mindestens 40 dB betragen.

Die Frequenzgenauigkeit von Sender und Empfänger (Frequenztoleranz) darf nicht über 0,005 % liegen, um einen ungestörten Funkbetrieb zu garantieren. Dieser Mindestwert ist vom FTZ vorgeschrieben und wird von guten Geräten bis um das Fünffache übertroffen.

Wird ein batteriegespeistes Gerät öfter benutzt, ist es ratsam, einen Akkusatz einzubauen. Dies ist nicht nur bedeutend wirtschaftlicher, es wird auch ein dauerndes Öffnen des Geräts zum Batteriewechsel vermieden. Als Akkumulatoren kommen nur gasdichte Nickel-Cadmium-Akkus in Frage. Da die Entladespannung bei diesen Sammlern nur etwa 1,2 Volt beträgt, werden für ein Funkgerät mit 12 Volt Betriebspannung zehn Stück benötigt. Der Ladestrom dieser Batterie liegt bei etwa 50 mA, die Ladespannung ist um 2 Volt höher als die Entladespannung zu wählen. Werden diese Sammler den Herstellerangaben entsprechend aufgeladen und gewartet, können sie eine sehr lange Lebensdauer erreichen. Das Ladegerät ist leicht aus einem alten Transformator und einigen anderen Bauteilen herzustellen. Auch ein Gleichspannungsnetzteil genügt zu Ladezwecken. Der Pluspol des Ladegeräts wird mit dem Pluspol der Akkus verbunden, die beiden Minuspole ebenfalls. Besitzt das Ladegerät keine Abschaltautomatik, ist peinlich auf die vom Hersteller angegebene Ladezeit zu achten, gegebenenfalls der Ladestrom mit einem Milliamperemeter zu kontrollieren.

Bild 8 zeigt den Bauvorschlag eines einfachen und schnell aufzubauenden Selbstbau-Ladegerätes. Der Regler P 1 wird zum Einstellen der Ladespannung benutzt, P 2 dient zum Regulieren des Ladestroms. Ist das Gerät einmal mit einem Vielfachmeßgerät eingestellt, kann die Einstellung für den gleichen Akkutyp immer wieder verwendet werden. Zum Messen der Spannung wird bei dem Instrument der entsprechende Gleichspannungsmeßbereich eingestellt und an den Anschlüssen des Akkus gemessen. Der Ladestrom wird mit dem Gleichstrommeßbereich 50. . .100 mA in Reihenschaltung eingestellt.

Trockenbatterien können zwar nicht wieder, wie ein Akku, aufgeladen werden, aber ihre Lebensdauer läßt sich durch Auffrischen unter Umständen auf das Vierfache verlängern. Ein Auffrischen der Batterie ist nur sinnvoll, wenn diese nicht mehr als bis zu einem Drittel entladen ist. Billige Batterien lassen sich oftmals besser regenerieren als teure Super-Batte-

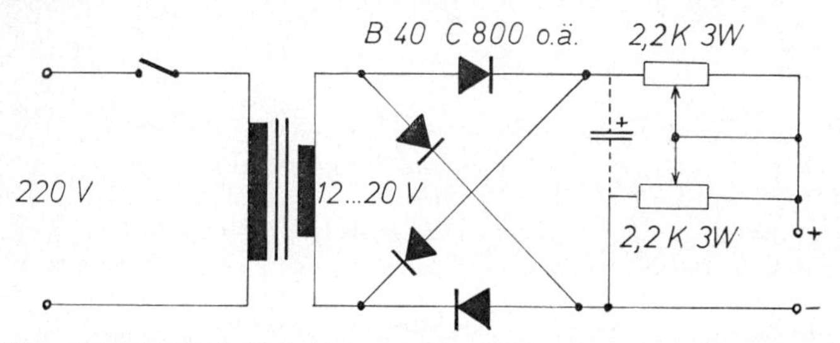

Bild 8 Ladegerät für Kleinakkus. Ist die Ladespannung zu niedrig, wird der gestrichelt eingezeichnete Elektrolytkondensator (10. . .100 µF/40 V) eingebaut.

rien. Dennoch sollten nur auslaufsichere Typen zur Auffrischung verwandt werden, weil die Gefahr des Auslaufens bei einer aufgefrischten Batterie etwas größer ist. Sehr geeignet sind Batterien mit großem Braunsteingehalt. Die Schaltung zum Regenerieren zeigt Bild 9. Die Batterie ist nach etwa zwei Stunden aufgefrischt, was sich mit einem Voltmeter leicht kontrollieren läßt.

Wer in einem Fahrzeug mit 6-Volt-Bordnetz ein Funkgerät installieren will, benötigt einen Spannungswandler. Dieser zerhackt die zugeführte 6-V-Spannung und transformiert die so entstandene Wechselspannung auf 12 V. Nach der Transformation wird die Spannung gleichgerichtet und dem Gerät zugeführt. Der Wandler soll für ein PR-27-Gerät mindestens eine Stromstärke von 2 A bringen. Zur Speisung stärkerer Geräte wird die Leistung der Stromaufnahme im Sendebetrieb entsprechend gewählt. Spannungswandler für Autoradios sind zumeist ungeeignet, weil sie für eine geringe Stromentnahme ausgelegt sind.

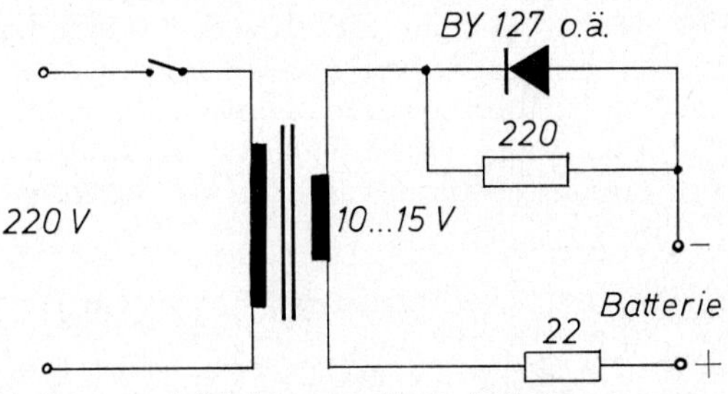

Bild 9 Schaltung zur Auffrischung von Trockenbatterien

Eine elegante Lösung von Spannungsproblemen kann auch das Mitführen einer zweiten Batterie sein. Das Funkgerät wird an beide in Reihe geschalteten 6-V-Batterien angeschlossen. Etwa alle zwei Tage wird mittels Umschalter der Bordnetz-Akku gewechselt, so daß beide Batterien immer aufgeladen sind. Diese Methode bietet nicht nur den Vorteil, daß damit länger als mit einer Batterie gesendet werden kann und in einem Spannungswandler entstehende Leistungsverluste vermieden werden. Es ist dadurch auch ein leichteres Starten mit der winteranfälligeren 6-V-Anlage möglich. Zur Starthilfe werden beide Akkus mit Starthilfekabel oder einem bequemen Umschalter parallel geschaltet.

Funker, die mit ihrer Mobilanlage erhöht stehen und vielleicht noch einige Stunden senden werden, stellen den Wagen so, daß ein Anrollen ohne Anlasser möglich ist. Es passiert leicht, daß der vom Funkrausch Besessene nach fünfzig ausgiebigen QSOs plötzlich bemerkt, daß die Kapazität der Autobatterie fast völlig in Hochfrequenz umgesetzt wurde.

In manchen Fällen ist der Einsatz sprachgesteuerter Sende-Empfangs-Umschalter sehr praktisch (VOX). Ein solches Zusatzgerät schaltet automatisch auf „Senden", wenn man zu sprechen beginnt. Im Auto bietet eine VOX in Verbindung mit einem fest montierten „Schwanenhals-Mike" größte Bequemlichkeit und vor allen Dingen Sicherheit. Ein Nachteil dabei ist, daß der Umschalter bei jedem Geräusch umschaltet. Es passiert dann allzu leicht, daß die Funkkameraden mithören, wie die Beifahrerin mit dem Fahrer schimpft. Einen Sicherheitsfaktor kann auch ein einfacher Fußschalter zur Sende-Empfangs-Umschaltung darstellen. Es ist vernünftig, beide Hände am Steuer zu lassen, wenn die Funkerei während der Fahrt schon genug vom Straßenverkehr ablenkt.

Zur Vermeidung von Rundfunk- und Fernsehstörungen durch einen 11-m-Sendeempfänger kann in die Antennenleitung ein Tiefpaß geschaltet werden. Solche Zusatzgeräte sind unter den Bezeichnungen Oberwellenfilter und TVI-Filter im Fachhandel erhältlich.

Zur Reichweitenerhöhung werden nicht selten Nachverstärker zwischen Funkgerät und Antenne geschaltet. Solche „Nachbrenner" vermögen die Ausgangsleistung des Senders bis über das Vierhundertfache zu verstärken. Ihr Betrieb ist natürlich

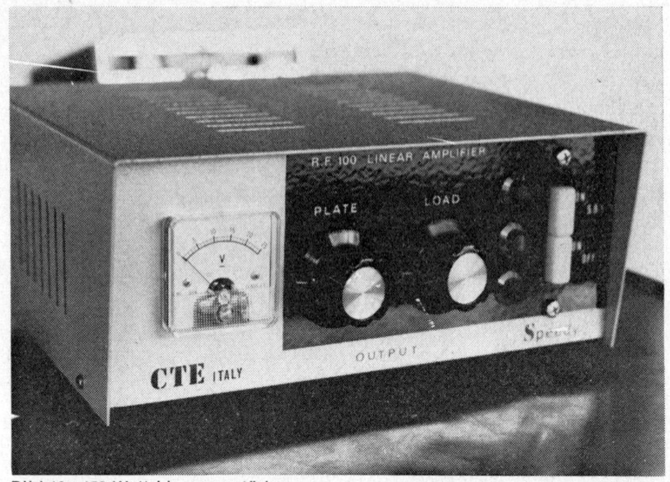

Bild 10 150-Watt-Linearverstärker

in der Bundesrepublik verboten. Die Gefahr von vagabundierenden Oberwellen ist beim „Nachbrennen“ sehr groß. Es gibt sowohl große Linearendverstärker für den Festbetrieb, die aussehen wie Gitarrenverstärker, als auch kleine, unauffällige Kästchen zur Montage im Auto.

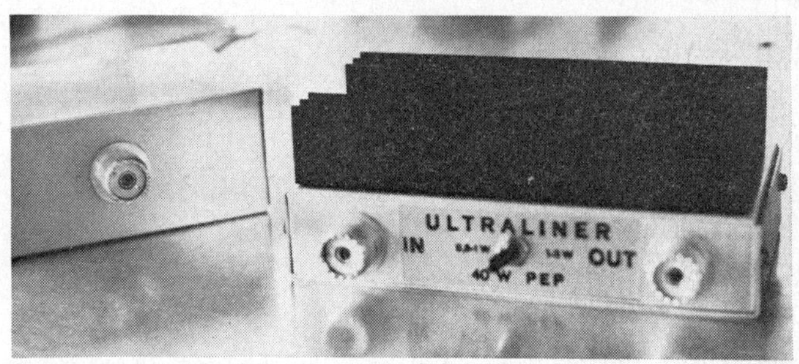

Bild 11 Zwei Endverstärker für mobile Anlagen

Bild 12 Ein Antennenvorverstärker

Wer vorhat, einen solchen „Brummer" bei einem Auslandsaufenthalt zu benutzen, sollte so klug sein und ihn nicht schon vor der Abreise im Auto einbauen. Gewiß ist der Besitz eines HF-Verstärkers nicht verboten. Ein pingeliger Richter könnte zwei Kabel, die nur zusammengesteckt werden müssen, damit der Verstärker läuft, als Schalter betrachten. Deshalb ist es besser, solche Geräte hierzulande ohne Anschlüsse mitzuführen.

Antennen

Die Antenne ist der wichtigste Teil einer Funkanlage. Der Erfolg hängt von der Qualität und Anpassung der Antenne ab. Das stärkste Gerät nutzt wenig, wenn seine Leistung nicht richtig abgestrahlt wird.

Über Antennen und deren Anpassung sind schon viele Abhandlungen und Bücher geschrieben worden. Da dieses Buch für die Praxis im 11-m-Band geschrieben ist, wurde unnötige Theorie beiseite gelassen.

Um die ihr zugeführte Energie optimal abstrahlen zu können, muß eine Antenne in Resonanz zur Wellenlänge der Hochfrequenz sein. Für die freigegebenen Kanäle gilt als Grundlage für Berechnungen eine mittlere Wellenlänge von 11,07 m. Diese Wellenlänge entspricht etwa der Frequenz von Kanal 10. Die Wellenlänge läßt sich aus der Frequenz mit der folgenden Formel ausrechnen:

$$\text{Wellenlänge (m)} = \frac{299{,}79}{\text{Frequenz (MHz)}}$$

Die Antenne ist in Resonanz, wenn ihre Länge der Wellenlänge oder einem ganzzahligen Teil davon entspricht. Im 11-m-Band werden hauptsächlich Antennen von einem Viertel der Wellenlänge benutzt. Da die Fortpflanzungsgeschwindigkeit elektromagnetischer Wellen in Metall geringer ist als in der Luft, muß die Wellenlänge mit dem Faktor 0,96 multipliziert werden. Die Länge eines Viertelstrahlers beträgt etwa 2,63 m.

Viele Antennen für 27 MHz sind mit Spulen in Resonanz gebracht, haben also nicht die erforderliche Länge. Die Anwendung solcher künstlich verlängerter Antennen ist in einigen Fällen sehr praktisch, ja oft nicht zu umgehen. Diese Spulen, die am Fuß, in der Mitte oder an der Spitze der Antenne eingesetzt sind, sollten nur wo unbedingt nötig angewandt werden. Da die Spule ja nicht strahlt, haben elektrisch verlängerte

Antennen längst nicht so gute Eigenschaften wie Vollängenstrahler.

Sehr wichtig ist die Höhe einer Antenne. Mit jedem Meter Antennenhöhe gewinnt man mehr Reichweite. Direkt über dem Boden strahlt auch die beste Antenne fast keine Hochfrequenz ab. Die Antennenhöhe sollte mindestens 2 m betragen, damit der Strahlungswiderstand nicht allzu sehr absinkt.

Auch die Bebauung der näheren Umgebung beeinflußt die Reichweite. Während bestimmte Stellen in Großstädten fast völlig abgeschirmt sind, vermindert eine nicht allzu dichte Besiedlung kaum die Sendefeldstärke. Besonders Eisenbetonbauten wirken sich sehr negativ aus. Ein großes Ärgernis kann eine Freileitung oder eine Telefonleitung in direkter Nachbarschaft der Antenne darstellen. Ganz abgesehen von den Empfangsstörungen kann ein solcher Metallstrang viel Sendeenergie schlucken.

Die hoch angebrachte Antenne ist auch unempfindlicher gegen den Störnebel aus Zündfunkenstörungen und technischen Störfrequenzen. Auch Mobilantennen gehören schon allein aus diesem Grund auf den höchsten Punkt eines Kraftfahrzeugs. Hier kann man es sich nicht leisten, auf dekorative Wirkung zu achten.

Von entscheidender Bedeutung ist der Widerstand, den die Antenne der Hochfrequenz entgegensetzt. Dieser Widerstand wird als Strahlungswiderstand oder Verlustwiderstand bezeichnet. Der Widerstand der Speiseleitung wird dagegen Wellenwiderstand oder kurz Impedanz genannt. Nahezu alle Geräte für das 11-m-Band sind für Impedanzen von etwa 50 Ohm ausgelegt. Strahlungswiderstand und Wellenwiderstand unserer Antennenanlage müssen auch diesen Wert aufweisen, damit wir ein gutes Stehwellenverhältnis (SWR) haben und Verluste weitgehend vermeiden. Es ist zwar möglich, Antennen mit einem anderen Strahlungswiderstand mittels Impedanztransformation an das Gerät und die Leitung anzupassen, hierbei steigt jedoch die Gefahr von Verlusten.

Bild 13 Kombiniertes Watt-SWR-Meter

Als Stehwellenverhältnis bezeichnet man das Verhältnis von Strommaximum zum Stromminimum auf der Speiseleitung. Je näher das SWR bei 1 liegt, je gleichmäßiger sich also die Strom- und Spannungswerte auf der Speiseleitung verteilen, desto besser und verlustfreier ist die Antenne angepaßt. Die Tabelle zeigt den Zusammenhang zwischen SWR und Verluststeigerung auf der Speiseleitung.

Stehwellenverhältnis und Verluststeigerung

SWR	1	1,5	2	2,5	3	3,5	
Steigerung	0	12	25	38	55	80	%

Ein SWR von 1 ist in der Praxis wohl kaum erreichbar. Jedoch ist ein Stehwellenverhältnis bis 1,6 noch vertretbar und bringt keine allzu großen Leistungseinbußen. Bei einem SWR von 1,5 gehen ja nicht etwa 12 % der gesamten HF verloren. Nur die wenigen Verluste auf der Leitung erhöhen sich um 12 von Hundert.

Das SWR wird mit einem Spezialinstrument, dem SWR-Meter, gemessen. Es ist ratsam, bei der Antennenanpassung

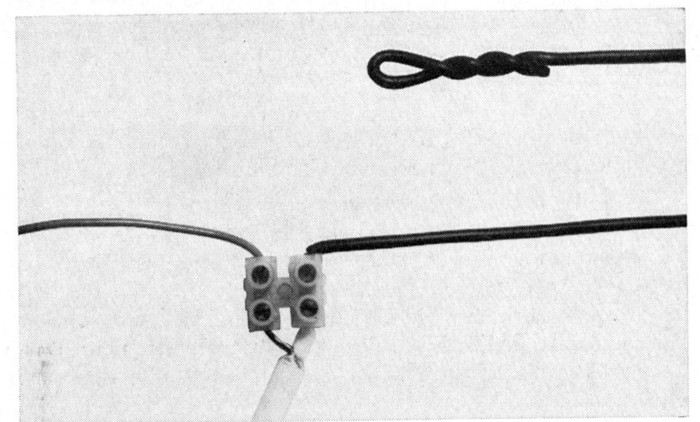

Bild 14 Ankoppelung der Speiseleitung an die Taschenantenne. Oben das verdrillte Ende des Strahlers.

ein solches Meßinstrument zu benutzen. Das gilt auch für fertige, käufliche Antennen. Bei der Anpassung wird abwechselnd das SWR gemessen und die Antenne um einen Millimeter verkürzt, bis ein optimaler Wert gefunden ist.

Als Speiseleitung eignet sich für unsere Zwecke handelsübliches Koaxialkabel mit einem Wellenwiderstand von 52 Ohm.

Nicht besonders Anspruchsvolle können auch das billige 60-Ohm-Fernsehkabel unbesorgt verwenden. Bei größeren Sendeleistungen ist auf die Belastbarkeit des Kabels zu achten. Die Dämpfung wird in dB/100 m angegeben und sollte nicht allzu groß sein. Das Kabel wird in einem Stück verlegt und darf keine scharfen Knicke aufweisen. Eventuelle Flickstellen werden gelötet und gut abgeschirmt oder besser mit HF-Kupplungen verbunden.

Durch einen unglücklichen Zufall kann die Speiseleitung gerade so lang gewählt werden, daß ihre Selbstinduktion und ihre Kapazität einen Schwingkreis, der auf 27 MHz schwingt, darstellt. In einem solchen Fall wird die Antenne kaum Hochfrequenz abstrahlen. Ein Kürzen oder Verlängern der Leitung schafft hier Abhilfe.

Die Bandbreite einer Antenne ist um so größer, je größer ihr Leiterquerschnitt ist. Auch Rohre sind wegen des Skineffekts unbedenklich als Strahler verwendbar.

Das Betreiben von Antennen mit Richtcharakteristik ist in der Bundesrepublik verboten. Das bedeutet nicht, daß auch Selbstbauantennen nicht zulässig sind. Selbst die besonders genehmigungspflichtigen K- und KF-Stationen können mit einer selbstgestrickten Antenne betrieben werden, sofern diese bei der Kontrolle durch die Post nicht beanstandet wird. Deshalb sei auf die Bauanregungen einiger Billigstantennen nicht verzichtet.

Einen sehr einfachen, aber dennoch wirkungsvollen **Viertelwellenstrahler** für die Westentasche können wir uns leicht aus 1,5 mm starkem plastikisoliertem Kupferdraht (Erdleitungsdraht), einer Lüsterklemme und einem Stück Koaxkabel mit Stecker anfertigen. Wir benötigen 2,68 m von dem Erdleitungsdraht. Von dem einen Ende schlagen wir 4 cm um und verdrillen das Ende so, daß eine Schlaufe entsteht. An dem anderen Ende wird die Isolation 1 cm weit entfernt und fest mit der Klemme verschraubt. Dann befestigen wir die Speiseleitung und das Kabel für die Erdung an der Klemme wie in Bild 14 zu sehen ist. Die Erdung muß nicht sein, bringt aber bessere Ergebnisse. Das Erdungskabel kann dünne Litze oder irgendwelcher Draht sein. Die Antenne läßt sich nun leicht mit einer Schnur vertikal an einem Ast oder dergleichen aufhängen. Die Erdung läßt sich provisorisch mit einem mitgeführten Nagel oder dem Taschenmesser besorgen. Diese billige „Pfadfinderantenne“ eignet sich recht gut für den beweglichen Betrieb im Gelände.

Eine **Ground-Plane** mit horizontaler Richtwirkung ist leicht selbst herzustellen. Dazu werden lediglich 2,63 m Kupferrohr mit 10 mm Durchmesser, etwa 8 m Erdleitungsdraht, ein Kera-

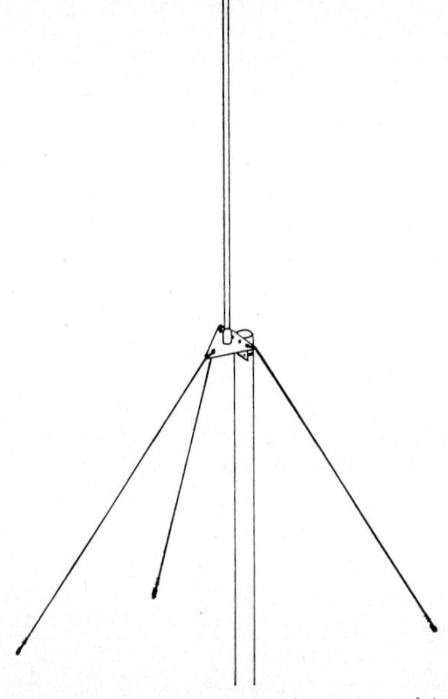

Bild 15 Selbstbau-Groundplane. Die Nylonabspannung ist wegen der Anschaulichkeit weggelassen.

mik-Standisolator und eine 3 mm starke Kupferplatte benötigt. Die Kupferplatte wird, wie Bild 16 zeigt, zugeschnitten und auf ihr der Standisolator mit dem Rohr befestigt. Das Kupferrohr sollte eine windfeste Wandstärke von 1,5 bis 2 mm aufweisen. Der Erdleitungsdraht wird mit Schrauben an den Ecken der Platte gut befestigt. Dieser Draht stellt sowohl die Radials als auch die Abspannung der Antenne dar. Die Kupferplatte wird mit einem Winkeleisen und Schellen am Mast befestigt, nachdem die Radials auf 2,63 m Länge gebracht wurden. An den Radials wird Nylonseil befestigt, das im Winkel von 45° zum Mast abgespannt wird. Die Abschirmung der Speiseleitung wird mit der Kupferplatte verbunden und der Strahler mit einem SWR-Meter und einer Metallsäge abgestimmt. Sämtliche

Kupferteile werden mit Metallack gegen Korrosion geschützt und die Strahlerspitze mit Kunstharz oder Kitt verschlossen.

Zu beachten ist, daß Hochantennen blitzgeschützt sein müssen. Ein Blitzschutz leitet auch elektrostatische Aufladungen ab. Trotz Schutzmaßnahmen kann aber das Gerät bei Blitzeinschlag zerstört werden, wenn es nicht von der Antenne getrennt ist.

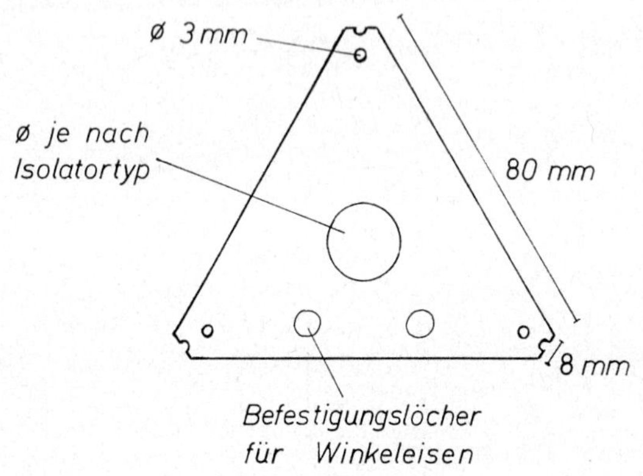

Bild 16 Die Kupferplatte für den Fuß der Groundplane

Viele CB-Freunde besuchen Urlaubsländer, in denen kein Richtantennenverbot besteht. Dort wird sich wohl jeder gerne von den strengen Bestimmungen hierzulande erholen und so richtig vollen Herzens austoben. Die ideale Urlaubsantenne beansprucht wenig Platz, ist kostensparend herzustellen und bringt einen ordentlichen Gewinn. Mit einer solchen Antenne steht dem QSO mit dem Heimatland nichts mehr im Weg.

Als ideale Urlaubsantenne kann man die **Helixantenne** bezeichnen. Sie ist sehr einfach selbst zu bauen und leichter auszurichten als ein Beam mit seinen langen Direktoren und dem Reflektor. Auf eine Papprolle von 20 cm Durchmesser werden 10 Windungen Erdleitungsdraht von 3 mm Durchmesser in

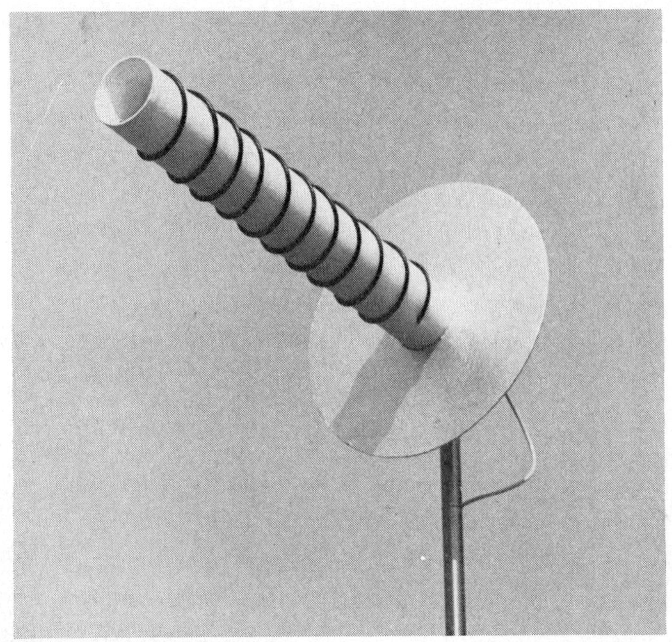

Bild 17 Helixantenne für 27 MHz

gleichem Abstand gewickelt. Das Papprohr ist etwa 160 cm lang. An dieses wird hinten eine Kupferblechscheibe von 90 cm Durchmesser angebracht. In der Mitte der Scheibe, die als Reflektor wirkt, befindet sich ein Loch zur Durchführung der Speiseleitung. Die Abschirmung der Speiseleitung wird an diese Reflektorscheibe gelötet, der Innenleiter mit dem Drahtwendel verbunden. Als Material für die Scheibe kann auch Messing oder zur Not Aluminium dienen.

Der Fußpunktwiderstand dieser Antenne beträgt allerdings etwas über 100 Ohm. Um diese Unstimmigkeit auszugleichen, müssen wir über einen Balun ankoppeln oder die Speiseleitung abstimmen. Die Leitung ist abgestimmt, wenn ihre Länge 2,63 m, 7,89 m oder 13,15 m beträgt. Ist die Antenne richtig bemessen und abgestimmt, beträgt ihr Gewinn etwa 12 dB. Mit ihr sind also beste DX-Ergebnisse zu erwarten.

Wird die Helixantenne über einen längeren Zeitraum im Freien aufgestellt, empfiehlt es sich, das Papprohr durch ein Kunststoffrohr zu ersetzen oder mehrfach mit Kunstharzlack zu schützen. Die Kupferscheibe wird mit Metallack behandelt, um eine Oxidation zu vermeiden.

Unbedingt sollte sich an der Grenze des Reiselandes nach den dortigen Bestimmungen erkundigen, wer sich den Urlaub mit Antennenexperimenten versüßen und nicht verderben will.

Abgleicharbeiten am Sender sollten nicht an der offenen Antenne erfolgen, da dies den Funkverkehr im Umkreis zu stören vermag. Da ein Betreiben des Senders ohne Antenne die Senderendstufe zerstören kann, ist hierzu eine künstliche Antenne nötig. Ein Abgleich ohne den richtigen Abschlußwiderstand ist zudem unmöglich. Eine **künstliche Antenne** (Dummy Load) kann aus einer Glühlampe und einem Stückchen Koaxkabel gebastelt werden. Die Wattzahl der Glühlampe muß natürlich der Ausgangsleistung des Gerätes entsprechen. Um vor unliebsamen Überraschungen sicher zu sein, wählt man die Belastbarkeit der Lampe doppelt so hoch wie die HF-Leistung. Für ein 500-mW-Gerät ist eine 12 V/0,1 A-Lampe recht tauglich. Ihr Widerstand muß 50 Ohm betragen. Die Lampe wird mit Alufolie abgeschirmt, damit sie nicht strahlt. Bei größeren Sendeleistungen wird die Birne zur Kühlung in Transformatorenöl gehängt.

Zum HF-Nachweis oder zu Vergleichsmessungen genügt ein Vielfachmeßinstrument, dessen Anschlüsse mit einer Germaniumdiode (0A 160, 0A 79 o. ä.) verbunden werden. Bei dem Instrument spielt weniger der Meßbereich als der Eingangswiderstand eine Rolle. Ist die Diode richtig gepolt, läßt sich mit nur einem Anschluß an der Antenne oder dem Gehäuse die Hochfrequenz nachweisen.

Die 11-m-Sprache

Für den Funkverkehr im 11-m-Band wurden einige Kürzel und Codes von den Funkamateuren übernommen. Das geschah aus Gründen der Zweckmäßigkeit, und nicht etwa weil Amateurfunk mit Fachchinesisch und Hochfrequenzromantik imitiert werden soll. Bei schlechtem Empfang und teilweiser Unverständlichkeit erweisen sich die Kürzel als überaus wertvoll. Aber es werden keineswegs so verwirrend viele Begriffe und Abkürzungen wie beim Amateurfunk verwandt. Das C-Band ist schließlich weder ein Amateurband noch eine Telefonleitung. Es gibt unter den Hobbyfunkern in letzter Zeit Bestrebungen, die wenigen im 11-m-Band gebräuchlichen Codes durch Klartext zu ersetzen. Es wäre schade, wenn dies auch nur teilweise gelänge.

Am wichtigsten ist der Q-Code, der noch aus Telegrafiezeiten stammt. Die Amateure haben diesen Code hauptsächlich vom Schiffsfunk übernommen. Ob die Q-Gruppen für den Telefonieverkehr phonetisch ideal sind, ist fraglich. Sie sind aber nun einmal international eingeführt und deshalb brauchbar. Die wenigen Q-Gruppen, die auf 27 MHz gebräuchlich sind, versteht ein Anfänger nach einer Viertelstunde.

Q-Gruppen

QRA	Rufname
QRG	Frequenz, Kanal
QRK	Lesbarkeit, Radiowert
QRL	Beschäftigung, bei der man nicht funken kann
QRM	Störungen
QRT	Ende, Sendeschluß
QRV	Bereit, auf Empfang
QRX	Bitte warten
QRZ	Kommen
QSA	Lautstärke, Santiagowert

QSB	Fading
QSL	Empfangsbestätigung
QSO	Funkverbindung
QSP	Vermittlung, Relaisstation
QST	An Alle
QSY	Frequenzwechsel, Kanalwechsel
QTH	Standort
QTR	Uhrzeit

Zu diesem Q-Code wird noch ein Zahlencode verwandt. Die Zahlen sind zumeist am Ende eines QSOs zur Verabschiedung gebräuchlich (Ausnahme 99, 600).

Zahlencode

55	viel Erfolg, viele QSOs
73	die besten Grüße
74	laß Dich nicht erwischen
88	Liebe und Küsse
99	verschwinde
600	Telefon

Die CB-Sprache ist, da sie noch sehr jung ist, im Einzelnen regional sehr verschieden. Trotzdem sei es gewagt, hier einige vermutlich schon bundesweit gebräuchliche Ausdrücke und Abkürzungen zusammenzustellen.

AG	Allgemeine Genehmigung für PR 27-Geräte
AM	Amplitudenmodulation
Base	Feststation
BCI	Rundfunkstörungen
Break	Unterbrechung, Zwischenruf
Beam	Richtantenne
Box	Postfach, Adresse
Cheerio	freundschaftlicher Abschiedsgruß
Contest	Wettbewerb
CQ	Allgemeiner Anruf
CQ-Test	Allgemeiner Anruf zu Testzwecken

CQ-DX	Allgemeiner Anruf im Weitverkehr
dB	Dezibel
DX	Weitverkehr
FM	Frequenzmodulation
FTZ	Fernmeldetechnisches Zentralamt
Gilb	Post, Meßwagen
Glatteis	Radarkontrolle
ha-i	ich muß lachen
Ham	Funkamateur
Handgurke	Handsprechfunkgerät
HF	Hochfrequenz
Komm	Aufforderung zum Senden
Knopf	Senderendstufentransistor
Log	Logbuch
negativ	unrichtig, nicht verstanden
Mayday	Notruf
Mike	Mikrofon
Mod	Modulation
Oberwelle	Freundin, Frau
OPD	Oberpostdirektion
PA	Senderendstufe
PTT	Sende-Empfangsschalter (push to talk)
Radio	Verständlichkeitswert
Roger	verstanden
Runde	QSO mit mehr als zwei Teilnehmern
RX	Empfänger
Santiago	Signalstärkewert
Sced	Verabredung auf bestimmtem Kanal
sechs Meter	Doppelbett
SM	Supermodulation
Spargel	Lambda/4 Vollängen-Strahler
SSB	Einseitenbandmodulation (single side band)
Stand by	auf Empfang
SWR	Stehwellenverhältnis
TVI	Fernsehstörungen

TX	Sender
ufb	ausgezeichnet, bestens
zwei Meter	Bett

Die amerikanischen Funkfreunde haben einen für 11 m sehr geeigneten Code entwickelt. Dieser sogenannte ten-code wird auch von den in der Bundesrepublik stationierten Amerikanern fleißig benutzt. Durch die enge Zusammenarbeit Deutscher und US-Bürger auf 11 m ist es wichtig, auch diesen Code zu kennen.

US ten code

10 – 1	Schlechter Empfang
10 – 2	Guter Empfang
10 – 3	Sendung einstellen
10 – 4	Verstanden
10 – 5	Vermittlung, Relais
10 – 6	Bin beschäftigt, bitte warten
10 – 7	Ende, Sendeschluß
10 – 8	Bin bereit
10 – 9	Bitte wiederholen
10 – 10	Gehe auf Standby
10 – 11	Du sprichst zu schnell
10 – 12	Habe Besuch
10 – 13	Wetter und Straßenzustand
10 – 16	Bitte abholen bei
10 – 17	Dringende Beschäftigung
10 – 18	Für mich?
10 – 19	Nichts für Dich, zurück an Zentrale
10 – 20	Standort
10 – 21	Rufe telefonisch
10 – 22	Melde Dich bei
10 – 23	Bitte warten
10 – 24	Erledige letzten Auftrag
10 – 25	Kannst Du . . . erreichen
10 – 26	Mißachte letzte Nachricht

10 — 27	Kanalwechsel
10 — 28	Erbitte Rufnamen
10 — 29	Die Zeit ist herum
10 — 30	Entspricht nicht den Bestimmungen
10 — 32	Ich gebe Kontrollträger
10 — 33	Notruf
10 — 34	Habe Ärger, brauche Hilfe
10 — 35	Vertrauliche Information
10 — 36	Die genaue Zeit ...
10 — 37	Abschleppdienst wird gebraucht
10 — 38	Krankenwagen wird gebraucht
10 — 39	Funkspruch weitergeleitet
10 — 41	Geh auf Kanal ...
10 — 42	Verkehrsunfall in ...
10 — 43	Verkehrsstau bei ...
10 — 44	Ich habe eine Nachricht für Dich
10 — 45	Alle Stationen im Umkreis bitte melden
10 — 50	Kanal ... unterbrechen
10 — 60	Die nächste Rufnummer?
10 — 62	Komm über Telefon
10 — 63	Frequenz weitergeben an ...
10 — 64	Frequenz frei
10 — 65	Erwarte nächste Nachricht
10 — 67	Alle Stationen bitte einwilligen
10 — 70	Feueralarm in ...
10 — 71	Sendungen in Reihenfolge fortsetzen
10 — 73	Verkehrskontrolle in ...
10 — 75	Du verursachst Störungen
10 — 77	Kein Kontakt
10 — 81	Reserviertes Hotelzimmer für ...
10 — 84	Meine Telefonnummer ist ...
10 — 85	Meine Adresse ist ...
10 — 89	Radiotechniker wird in ... gebraucht
10 — 90	Ich habe TVI
10 — 91	Gehe näher ans Mike

10 – 92	Dein Sender ist ungenau eingestellt
10 – 93	Bitte meine Frequenz prüfen
10 – 94	Bitte Countdown geben
10 – 95	Sende 5 Sekunden unmodulierten Träger
10 – 99	Mission beendet
10 – 100	Muß kurz weg
10 – 200	Polizei wird in . . . gebraucht

Nicht selten ist wegen starker Störungen oder schwachem Signal das Buchstabieren bestimmter Wörter unumgänglich. Im C-Band wird hierzu ein international gebräuchlicher Buchstabiercode benutzt.

Buchstabiercode

Alpha	November
Bravo	Oscar
Charlie	Papa
Delta	Quebec
Echo	Romeo
Fox	Sierra
Golf	Tango
Hotel	Uniform
India	Victor
Juliett	Whiskey
Kilo	X-Ray
Lima	Yankee
Mike	Zulu

Die Funkverbindung

Es gibt drei verschiedene Möglichkeiten, einen Funkkontakt herzustellen. Einmal das QRZ, zum zweiten den Break und schließlich den CQ-Ruf.

Will man eine bestimmte Station rufen, wird man den QRZ-Ruf benutzen. Vor dem Ruf sollte der Funker möglichst einige Sekunden lauschen, ob der Kanal frei ist, und durch den Ruf kein QSO gestört wird. Heißt es dann zum Beispiel „QRZ Osiris für Eichhorn", wird die Station Osiris von der Station Eichhorn gerufen.

Wer QRZ ruft, sollte schon einigermaßen sicher sein, daß der Gerufene auf dieser Frequenz stand by ist. Wie oft rufen rücksichtslose Bandbenutzer aufs Geratewohl über alle verfügbaren Kanäle und stören damit sehr den Funkbetrieb.

Stationen, die sich öfter gegenseitig rufen, sollten einen ganz bestimmten Kanal als Anrufkanal verwenden. In vielen Gegenden hat es sich eingebürgert, daß eine ganze Stadt oder ein ganzer Landstrich einen „Hauskanal" (Hotel Kilo) für Anrufe und Kurzinformationen verwendet. Eine solche Einrichtung ist sehr sinnvoll und entlastet den Notrufkanal, der nicht mit Anrufen zugestopft werden soll. Durch diese Hauskanäle werden auch viele Telefongebühren eingespart.

Wer auf dem Anrufkanal oder gar dem Notrufkanal eine Antwort auf seinen Ruf erhalten hat, sollte mit der Gegenstation das QSO auf einem anderen Kanal fortführen. So ein Anrufkanal ist für alle Teilnehmer da. Kurze QSOs sind auf Anrufkanälen zulässig, wenn zwischen den Durchgängen Pausen für eventuelle Anrufe gelassen werden.

Hört man gerade ein QSO und möchte mitreden oder einer teilnehmenden Station etwas mitteilen, kann man das QSO breaken. Break (ausgesprochen breek) bedeutet im Englischen soviel wie „Bruch, Unterbrechung". Der Rufer wartet, bis eine Station ihren Durchgang beendet hat und ruft in die Sprechpause schnell sein „Break". Er wird dann bestimmt in das QSO aufgenommen, wenn kein wichtiges Gespräch stattfindet und der Break zumutbar ist. Doch auch in solchem Falle wird einem Breaker von höflichen Funkern kurz bestätigt, daß er gehört worden ist. Er wird später dann bestimmt aufgefordert zu reden.

Kein erfahrener CB-Mann wird wegen einer Nichtigkeit breaken. Witzige Zwischenrufe und andere unkonventionelle Breaks passen in kein ernsthaftes QSO. Auch ist bei DX-Verbindungen ein Break äußerst unangebracht.

Um Breaks überhaupt möglich zu machen, sollte jeder 11-m-Funker sich angewöhnen, jedesmal eine kleine Pause zu lassen, wenn der Vorsprecher ausgeredet hat. Diese Sprechpause sollte auch eingehalten werden, wenn kein Break erwünscht ist oder die Antwort noch so sehr auf der Zunge brennt.

Wenn bei Breaks von allen Seiten vernünftig und höflich verfahren wird, wird das Breaken auf den oft überfüllten Kanälen sinnvoll und bereichernd. Durch das Hinzukommen von Breakern entstehen aus lahmen QSOs oft sehr interessante Runden.

Das schönste und aufregendste Verfahren zum Herstellen eines Funkkontakts ist der CQ-Ruf. Das CQ ist eine an alle Mithörenden gerichtete Aufforderung zum Antworten. Oft wird auf 11 Meter statt CQ auch einfach „Allgemeiner Anruf" gesagt.

Wer gerne eine Weitverbindung haben möchte, ruft CQ DX und gibt am besten gleich das QTH mit an. Damit ist eine Antwort aus der näheren Umgebung ausgeschlossen. Der CQ DX-Ruf ist natürlich nur mit einem starken Gerät, einer sehr guten Antenne und von einem freien Standort aus sinnvoll.

Jeder 11-m-Funker hat einen eigenen Rufnamen, der gleich zu Anfang eines QSOs genannt wird. Es gibt hier im Gegensatz zu den Amateurbändern die verschiedensten und ulkigsten QRAs. Bei der Wahl des Rufzeichens gibt es keine Beschränkung oder Regel. „Glühwein" ist ebenso zulässig wie „Hessen

4“ oder „Ursus“. Der Anfänger sollte bei der Wahl jedoch auf gute Verständlichkeit und internationale Brauchbarkeit achten. Lange und schwer aufnehmbare Kunstworte sind, so originell sie auch sein mögen, fehl am Platz. Auch werden Namen, die einem Dialekt entstammen, nach den ersten Weitverbindungen wieder abgelegt, weil niemand in der Fremde sie verstehen kann. Der 11-m-Anfänger tut gut daran, sich erst einmal mit provisorischem Rufzeichen im Band umzuhören, ob der von ihm gewünschte Rufname schon benutzt wird. Gleiche Rufzeichen können durch verschiedene Nummern unterscheidbar gemacht werden.

Auch der Standort sollte gleich zu Beginn des QSOs ungefragt angegeben werden. Man weiß ja, daß dies immer interessiert. Beim QTH sind ungefähre Ortsangaben und die Angabe der ungefähren Höhe ausreichend.

Der Rapport, das ist die Signalstärke und Verständlichkeitsbeurteilung, ist bei Erstverbindungen als auch besonders bei Weitverbindungen sehr von Interesse.

Die Signalstärke einer empfangenen Station wird entweder mit einem S-Meter gemessen oder geschätzt. Es werden neun S-Stufen unterschieden. Eine S-Stufe entspricht 6 dB. S 1, die niedrigste S-Stufe, besagt also, daß das empfangene Signal 6 dB über dem Empfängerrauschen liegt. Eine S-Stufe mehr ist in etwa einer doppelt so großen relativen Feldstärke gleichzusetzen. Mit dem S-Wert wird auf keinen Fall die eigentliche Feldstärke der empfangenen Station angegeben. Die Beurteilung hängt ja mindestens genauso vom Standort und der Anlage der Empfangsstation ab wie von der Sendefeldstärke der Gegenstation.

Die meisten Geräte haben ein S-Meter eingebaut. Diese Instrumente sind allerdings oft unzulänglich oder unterschiedlich geeicht. Jeder Funker sollte deshalb auch ohne S-Meter der Gegenstation einen Rapport geben können. Das ist aber nur bei einem bekannten Gerät möglich.

Die S-Stufen

S1 kaum hörbares Signal
S2 sehr schwach hörbares Signal
S3 mühsam hörbares Signal
S4 leises, aber ausreichend hörbares Signal
S5 noch schwaches, aber ziemlich gut hörbares Signal
S6 gut hörbares Signal
S7 lautes Signal
S8 sehr lautes Signal, voll aufgedrehte Lautstärke nicht mehr möglich
S9 brutal lautes Signal

Über S9 liegende Signale (9 plus ... dB) machen jeden Rapport überflüssig, da die Gegenstation hier in unmittelbarer Nähe sendet.

Beim Schätzen der Signalstärke muß aufgepaßt werden, wie weit die Lautstärke eingeregelt ist.

Die Verständlichkeit ist in fünf R-Stufen aufgeteilt. Der R-Wert wird in jedem Fall geschätzt.

Die R-Stufen

R1 nicht verständlich
R2 nur teilweise verständlich
R3 mit Mühe im Ganzen verständlich
R4 verständlich
R5 gut verständlich, gute Modulation

Zur besseren Verständlichkeit wird im Funkbetrieb von Santiago- und Radiowerten gesprochen. Ein plötzliches Verändern eines Wertes sollte unaufgefordert angegeben werden, auch wenn die Verbindung nicht darunter leidet.

Wenn die Modulation der Gegenstation zu wünschen übrig läßt, ist eine Beurteilung durchaus angebracht, ja sogar notwendig.

Störungen auf einem Kanal können einen Frequenzwechsel dringend nötig machen. Auch um einen Anrufkanal wieder frei zu machen, wird ein QSY nötig. In einem solchen Fall informiert man schnell die Gegenstation über die Kanäle, die zur Verfügung stehen. Einer von Beiden sieht dann schnell nach, ob einer der Kanäle frei ist. Wenn das der Fall ist, sagt er sein „QSY" und gibt die Nummer des Wechselkanals an. Die andere Station wiederholt zweckmäßigerweise diese Nummer um Mißverständnisse auszuschließen und schaltet um. Wegen dem mancherorts immer noch herrschenden Durcheinander von alten und neuen Kanalnummern hat es sich eingebürgert, den rechten Kommateil der Frequenz in Megahertz (z. B. 085 statt 11) anzugeben. Das ist umständlich und führt viel eher zu einem Mißverständnis. Wozu sind denn die Festkanäle so schön durchnumeriert?

Wer nach QSY den Partner auf der ausgemachten Frequenz nicht findet, schaltet am besten zurück auf den Ausgangskanal und versucht trotz QRMarmelade das Mißverständnis aufzuklären.

Gilt es, an dem Funkgerät oder der Antennenanlage etwas auszuprobieren, und ein Rapport würde weiterhelfen, kann der CQ-Test-Ruf Klarheit verschaffen. Das CQ-Test ist ein allgemeiner Anruf zu Prüf- und Erprobungszwecken. Der 11-m-Funker sollte aus Solidaritätsgründen auf einen solchen Ruf auch dann antworten, wenn er keine Zeit oder Lust auf ein QSO hat. Zumeist handelt es sich dann ja nur um einen kurzen Rapport oder eine Modulationsbeurteilung. Im Zweifelsfall kann das CQ-Test beim Kauf eines Gerätes zur Entscheidung beitragen. Kein seriöser Verkäufer wird sich einem solchen Wunsch widersetzen.

Da die 11-m-Freunde eine recht gesellige Gemeinschaft darstellen, reden sich alle gegenseitig mit freundschaftlichem „Du" an. Dies wird auch beim persönlichen Zusammensein beibehalten; es wäre ja paradox, wenn sich zwei im Funkverkehr duzen und nun beim ersten Händedruck das steife „Sie" gebrauchen würden.

Oft kommt es vor, daß sich auf einen Allgemeinen Anruf mehrere Stationen gleichzeitig melden und so ein gräßliches Wortdurcheinander und Gepfeife (Kreuzmodulation) fabrizieren. In einem solchen Fall fordert der Rufer entweder die entfernteste Station oder denjenigen, dessen Rufzeichen er verstehen konnte, zum Reden auf. Selbstverständlich spricht er danach mit den anderen Stationen oder baut mit allen eine Runde auf.

Es kann passieren, daß auf einen CQ-Ruf eine Antwort erfolgt, die beim besten Willen nicht zu entziffern ist. Es ist vielleicht sogar nur das Trägersignal aufzunehmen. Eine solche Verbindung ist unter Umständen durch Telegrafie zu retten. Wer Morsezeichen lesen kann, fordere die Gegenstation auf, ihren Rufnamen und Standort zu morsen. Gibt diese mit — · — — — zu verstehen, daß sie nicht morsen kann, nennt der höfliche Funker sein QTH und den S-Wert des unverständlichen Signals und beendet die Verbindung. Jede Station, die nicht aufgenommen werden kann, ist an diesen Angaben interessiert.

Wer ein solches unbefriedigendes QSO mithört und beide Stationen aufnimmt, sollte ruhig breaken und sich als Relaisstation anbieten. Ein solches QSP-Angebot wird zumeist dankbar angenommen. Entsteht durch QSPaula eine aufregende Weitverbindung, werden diese Dienste bestimmt mit QSL-Karten von den beteiligten Stationen belohnt.

Die Runde ist ein QSO zwischen mehr als zwei Funkern. Es gibt Mammutrunden, an denen mehr als zehn verschiedene Stimmen beteiligt sind. Vielerorts sind allabendliche Heimatrunden mit nahezu allen Funkern aus der Umgebung zu einer dauerhaften Einrichtung geworden. Es versteht sich, daß die Runde nicht funktioniert, wenn jeder Teilnehmer einfach darauf losredet, wenn ihm etwas einfällt. Es wird dabei vom Einzelnen mehr Geduld und Rücksicht verlangt als beim Zweier-QSO. Der Vorsprecher fordert bei der Runde immer eine bestimmte Station zum Senden auf. Wird dabei einigermaßen diszipliniert verfahren, ist das QSO äußerst interessant und oft sehr lebendig. Bei der Runde muß noch mehr als beim QSO zwischen Zweien auf kurze Durchgänge geachtet werden. Niemand hört sich gerne nichtssagende und in die Länge gezogene Phrasen an.

Wer sich im C-Band anmerken läßt, daß er ein Funkneuling ist, wird von den alten Hasen gerne auf den Arm genommen. So kann ihm zum Beispiel erzählt werden, daß 99 soviel wie alles Gute bedeutet. Dabei ist 99 das Schlimmste, was man einem Funker geben kann. Auch wird Anfängern gerne von einem Quarzhobel erzählt, mit dem man die Resonanzfrequenz eines Schwingquarzes verändern kann. Man muß auf der Hut davor sein, das Opfer eines solchen Scherzes zu werden.

Unschön und nicht mehr lustig ist eine falsche QTH-Angabe. Wer sich als Züricher Station meldet und dabei nur 10 Kilometer von der Gegenstation entfernt sendet, ist kein Witzbold, sondern ein Lügner. Der Hobbyfunk ist zwar keine todernste Angelegenheit, aber die Funker sollten sich doch gegenseitig vertrauen können.

Am Ende des QSOs wird zumeist die 73 als Abschiedsgruß benutzt. Wer an das Ende jedes Allerwelts-QSOs 73, 55 und vielleicht sogar noch die 88 stellt, wertet diese Zahlen mit der Zeit zu einem Ritual ab. 73 und 55 zusammen sind nur für den wirklich symphatischen Gesprächspartner als besten Gruß und Erfolgswunsch gedacht und stellen kein einfaches „auf Wiedersehen" dar.

Es ist üblich, zum Schluß der Verbindung noch einmal seinen Rufnamen zu nennen. Dies geschieht weniger für den Gesprächspartner als für denjenigen, der das QSO mitgehört hat und eine der beiden Stationen rufen möchte.

Der Notrufkanal 9

Der CB-Kanal 9 (27,065 MHz) ist nach dem internationalen CB-Kongreß in Basel der einheitliche Notrufkanal für ganz Europa. Diese Frequenz sollte daher unbedingt für Notrufe freigehalten werden. Kanal 9 darf zwar für Anrufe benutzt werden; nach erfolgter Antwort ist aber sofort ein Kanalwechsel zu vereinbaren. QSOs sind auf dieser Frequenz unangebracht.

Dieser Kanal wird schon seit Jahren in den europäischen CB-Ländern als Notrufkanal benutzt. Auch in der Bundesrepublik wird er in immer mehr Gegenden dauernd von vielen CB-Freunden und Hilfsorganisationen gehört. Ein dringender Ruf auf dieser Frequenz wird also mit Sicherheit in diesen Ländern aufgenommen.

Es ist daher ratsam, sein Gerät mit diesem Notrufkanal zu bestücken. Auf der Autobahn und in unsicheren Gegenden sollte die Notfrequenz immer eingeschaltet sein.

Selbstverständlich kann auf dieser QRG auch nach dem richtigen Weg und nach Pannenhilfe gefragt werden. Doch ist dabei unbedingt auf kurze Durchgänge und Sprechpausen zu achten. Nur so können eventuelle dringende Rufe schnell durchgegeben werden.

Wer einen Notruf auffängt, trägt eine große Verantwortung. Sowohl die Moral als auch das Gesetz gebieten uns die Hilfeleistung im Notfall. Ist man nicht sicher, daß der Ruf auch von anderen Stationen gehört worden ist, gilt es zu handeln, wenn man es auch noch so eilig hat. Das Mindeste, was zu tun ist, wird das Weiterleiten des Notrufs über Funk oder Telefon sein. Je nach Einzelfall ist zu entscheiden, ob man das Krankenhaus, die Polizei oder andere Funker benachrichtigt.

Die internationalen Notzeichen „Mayday“ und „SOS“ sind im Amateur- als auch im Jedermannfunk verboten. Mit diesem Verbot soll ein Mißbrauch dieser wichtigen Zeichen verhindert werden. Trotzdem wird wohl niemandem, der eines dieser Zeichen in einer wirklichen Notsituation verwendet hat, ein Strafprozeß drohen. Kann man aus irgendwelchen Gründen nicht sprechen, morse man getrost SOS. Das Zeichen

... _ _ _ ...

wird hierbei dreimal gesendet (Rufton). Anschließend werden zwei Dauerzeichen von etwa 15 Sekunden Länge zur Anpeilung gegeben. Eine QTH-Angabe ist natürlich überaus wertvoll und sollte daher versucht werden. Auch wenn ein Telefonieruf nicht aufgenommen wird, sollte zum SOS gegriffen werden. Mit dem Rufton läßt sich im allgemeinen weiter senden als mit der Sprachmodulation. Auch ist SOS bei QRM leichter als Notruf zu identifizieren.

Das Sprechfunkzeichen „Mayday" sollte nur im Ausland gebraucht werden, wenn wegen Sprachschwierigkeiten nicht verstanden wird, daß es sich um einen Notruf handelt.

Ausdrücklich sei vor fingierten Notrufen gewarnt. Solche Sendungen sind auf keinen Fall witzig; sie sind schlechthin gröbster Unfug. Wer einen Freund verulken will, sollte ihm über die Telefonleitung erzählen, daß sein Dachstuhl zuhause brennt.

Die QSL-Karte

Schöne und besonders weite QSOs sollen nicht der Vergessenheit anheim fallen. Deshalb bestätigen sich 11-m-Funker solche Verbindungen mit einer QSL-Karte. Diese nette Gepflogenheit ist auch bei den Funkamateuren üblich.

Eine Funkverbindung zwischen Frankfurt und Basel auf 11 m ist zum Beispiel durchaus ein QSL wert, denn das ist schon eine beträchtliche Entfernung. Kurzwellenamateure pflegen zwar über solche Werte zu lächeln, aber das soll uns nicht stören.

Auf der idealen QSL-Karte sollte vermerkt sein:

From CB-Station ...	(Name der Station)
in ... Box ...	(Adresse)
to Station ...	(Name der Gegenstation)
Date ...	(Datum)
MEZ ...	(Uhrzeit)
my QTH ...	(eigener Standort)
your QTH ...	(Standort der Gegenstation)
QRG ...	(Kanal)
Rx/Tx ...	(Gerät)
Ant ...	(Antenne)
tnx-pse QSL	(QSL-Vermerk)

Ein Postfach ist beim QSL-Austausch von unschätzbarem Wert. Es ist ratsam, sich mit einigen Gleichgesinnten zusammenzutun und ein solches zu mieten. Das ist nicht teuer, kann aber viel Ärger und Mißverständnisse ersparen.

Bei der Uhrzeitangabe hat sich die Mitteleuropäische Zeit eingebürgert. Bei DX und internationalem Austausch sollte aber besser die Weltzeit (GMT) angegeben werden. Die Weltzeit erhält man, wenn von der für Deutschland geltenden Mitteleuropäischen Zeit eine Stunde abgezogen wird.

Nicht unbedingt nötig und auch noch recht unüblich ist die Angabe des Standorts der Gegenstation. Wer jedoch ein perfektes QSL versenden möchte, sollte sich nicht scheuen, die QTHs beider Stationen anzugeben. Dies dokumentiert das QSO in seiner Ganzheit. Die meisten 11-m-Fans sind ja mobil und senden nicht immer vom Heimatort aus.

Bild 18 QSL-Karten

Wie beim QSO sollte als QRG die Nummer des Kanals und nicht die Frequenz angegeben werden.

Wichtig ist der QSL-Vermerk auf der Karte. Viele übereifrige Kartensammler verlieren den Überblick darüber, wem sie schon eine Karte geschickt haben und wem nicht. Besonders an Dienstagen raufen sich die aktiven Wochenend-Funker die Haare, weil eine Flut von Karten ohne entsprechenden Vermerk ankommt. Als Empfangsbestätigung für eine QSL-Karte wird pse (please = bitte) durchgestrichen, bei Kartenwunsch das tnx (thanks = danke).

Der Anfänger, der noch keine Karten hat, muß nicht etwa verlegen passen, wenn er um ein QSL gebeten wird. Ein nettes QSO auf einer einfachen Postkarte oder einer hübschen Ansichtskarte zu verewigen ist auf jeden Fall besser als gar nichts. So machen es auch alte Hasen, die gerade ihren Vorrat an Karten verbraucht haben und auf das Paket aus der Druckerei warten.

Eine QSL-Karte muß nicht pompös sein. Vollständige Information ist wertvoller als großartige Aufmachung im Vierfarbendruck. Eine handgemalte oder linolgedruckte Karte kann auch originell und willkommen sein. Wie bei der Wahl des Rufnamens sind hier bei der Ausstattung keine Grenzen gesetzt.

Viele dieser Karten werden vom Empfänger gleich nach Erhalt stolz zu den anderen an die Wand gehängt. Deshalb soll sich alles Wichtige auf einer Seite befinden. Wie schade ist, wenn auf einer Seite ein weit entferntes QTH und auf der anderen der Santiagowert und eine lustige Zeichnung zu finden ist. So ein Kärtchen ist zu schade für die Wand, gehört aber erst recht nicht in die Schublade.

Störungen

Beim 11-m-Funk können vier Arten von Störungen den Funkverkehr beeinträchtigen:

1. Atmosphärische und kosmische Störungen
2. Störungen durch technische Geräte
3. Gleichkanalstörungen
4. Überschläge von Nachbarkanälen

Atmosphärische und kosmische Störungen

Diese Störungen entstehen durch mehr oder weniger komplizierte elektrische Vorgänge in der Atmosphäre und im Weltall. Besonders die Sonneneruptionen, das Eindringen von Meteoren in die Ionosphäre und Gewitterblitze fallen ins Gewicht. Die Sendeleistungen mancher dieser natürlichen „Störsender" betragen bis zu 2 000 000 Watt.

Trotzdem stellen diese Störer im 11-m-Nahverkehr das kleinste Übel dar. Beim internationalen DX-Verkehr über die Ionosphäre werden sie allerdings zu einem Schreckgespenst für den Funker. Gegen diese Störungen ist kein Kräutlein außer viel Geduld und Buchstabierkunst gewachsen. Nur bei SSB-Betrieb vermögen sie nicht allzuviel auszumachen.

Störungen durch technische Geräte

Die technischen Störungen und die damit verbundene hochfrequente Umweltverschmutzung gehören zu den Hauptthemen der 11-m-Freunde. Sie haben ihre Ursache zumeist in Funkenbildungen bei Elektrogeräten. Doch können auch bewegte Teile eines technischen Apparats durch schnell aufeinander folgende elektrostatische Potentialänderungen störende Hochfrequenz entstehen lassen.

Der CB-Funker kann und darf nur die im eigenen Haushalt und im eigenen Auto entstehenden Störungen beseitigen. Er genießt keinen Schutz wie der Rundfunkhörer oder der Funkamateur.

Weitaus die meisten netzabhängigen Geräte sind nach VDE-Bestimmungen entstört. Der Störabstand reicht bei diesen Geräten oft zum störungsarmen gleichzeitigen Betreiben einer 11-m-Station aus. Bei hartnäckigen Störern kann ein verlustarmer und induktionsfreier Kondensator mit einem Wert von 0,1 Mikrofarad Wunder wirken. Wer jedoch auf dem Gebiet der Funkentstörung keine Fachkenntnis hat, sollte trotz Begabung die Finger davon lassen. Es gab schon viele unliebsame Überraschungen mit laienhaft und unfachmännisch entstörten Geräten. Die beste Entstörung ist immer noch das Abstellen des Störenfrieds.

Auf jeden Fall gehört in die Stromzuführung eines netzbetriebenen Funkgeräts eine Hochfrequenzdrossel. Sie verhindert sowohl das Eindringen von Störfrequenzen als auch deren Abstrahlung über die Netzleitung. Eine solche Drossel ist leicht aus etwa 120 Windungen Kupferlackdraht mit 1,5 mm Durchmesser herzustellen. Die Länge der Luftspule muß ungefähr 25 cm und ihr Durchmesser 10 cm betragen. Die meisten Feststationen sind serienmäßig gegen Hochfrequenz über die Netzleitung abgesichert.

Die größte Sorge ist dem Mobilfunkfreund ein nicht oder nur unzulänglich entstörtes Fahrzeug. Leider gibt es für die Kfz-Entstörung kein sicheres Fertigrezept. Jeder Autotyp stört anders. Wenn man sein Fahrzeug zu einer wirklich mobilen Station ausrüsten will, ist Probieren und Experimentieren unerläßlich. Im Handel sind mittlerweile zwar für viel Geld spezielle 27-MHz-Entstörsätze zu haben, aber diese vermögen nur in den seltensten Fällen restlos glücklich zu machen.

Vor der eigentlichen Entstörung rollt man mit eingeschaltetem Gerät eine abschüssige Strecke, um eventuell am Fahrzeug auftretende elektrostatische Störungen festzustellen. Diesen ist mit Masseverbindungen leicht beizukommen. Sämtliche beweglichen Karosserieteile werden systematisch mit Massebändern oder dicker Kupferlitze mit dem Rahmen verbunden. Die verzinnten Enden der Verbindung werden mit dem Blech fest

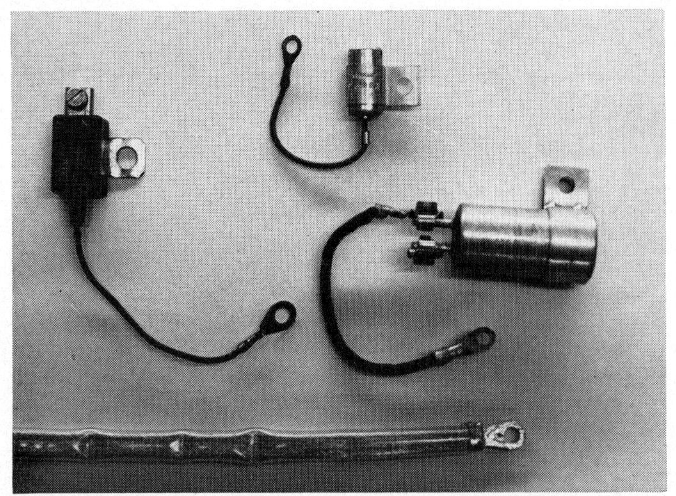

Bild 19 Entstörmaterial. Unten im Bild ein Masseband zur Ableitung elektrostatischer Störungen.

verschraubt. Zweckmäßigerweise beginnt man hiermit in Antennennähe. Ganz besonders Türen und Motorhaube erzeugen bei schneller Fahrt gern Hochfrequenzen.

Um ein Eindringen von Störfrequenzen über die Gerätespeisung zu verhindern, wird die Spannung direkt an der Batterie abgenommen. Will man eine Drossel dazu in Reihe schalten, sei zu einer käuflichen Spule ohne merkbaren Spannungsverlust geraten. Wird als Stromzuführungsleitung dazu noch Koaxialkabel mit entsprechender Belastbarkeit verwendet, haben Störfrequenzen auf der Speiseleitung keine Chancen mehr. Die Abschirmung des Kabels muß natürlich unbedingt gute Verbindung mit der Masse haben. Eine externe Sicherung in der Leitung kann mit Aluminiumfolie abgeschirmt werden.

Die Entstörung der Zündanlage und der Lichtmaschine ist langwieriger und erfordert Geduld und Probierfreudigkeit. Zuerst wird die Gleichstromseite der Zündspule (Klemme 15) mit einem Kondensator von etwa 2,2 µF gegen Masse überbrückt. Dabei müssen die Kontakte unbedingt fett- und ölfrei sein. Die Anschlüsse sämtlicher Entstörkondensatoren sind so kurz wie möglich zu halten, um eine Antennenwirkung zu verhindern.

Die Hochspannungszündleitungen lassen sich mit dem Drahtgeflecht aus Resten von Koaxkabel vorzüglich abschirmen. Hierzu trennt man vorsichtig den Plastikmantel des Koaxkabels ab und zieht die Abschirmung von der Seele. Das Geflecht läßt sich leicht stauchen und über die Zündleitungen schieben. Auch hier ist eine gute Verbindung zur Fahrzeugmasse nötig, um optimalen Erfolg zu erzielen. Es lassen sich auch käufliche, fertig abgeschirmte Zündkabel verwenden. Durch die größere Kapazität abgeschirmter Zündkabel verstärkt sich der Elektrodenabbrand der Zündkerzen. Entstörwiderstände in den Kerzensteckern vermindern diese unangenehme Wirkung. Geschirmte Zündkabel sind am besten nur in Verbindung mit Entstörsteckern zu verwenden.

Ein genau eingestellter Unterbrecher und eine abgeschirmte Verteilerkappe lassen die Störungen aus dem Verteiler auf ein Mindestmaß sinken. Die Verteilerkappe läßt sich mit Alufolie abschirmen, was aber nicht allzu schön aussieht. Es gibt im Fachhandel abgeschirmte Verteilerkappen zu kaufen. Auch im Verteilerfinger sollte ein Entstörwiderstand von 10 Kilo-Ohm eingebaut sein. Der Luftspalt zwischen dem Finger und den Außenkontakten sollte nicht über 0,2 mm liegen, um unnötige Funkenbildung zu vermeiden.

Die Zündkerzenstecker benötigen einen eingebauten Entstörwiderstand von 10 . . . 15 Kilo-Ohm. Solche Entstörstecker sind nicht allzu teuer; in vielen Fahrzeugen sind sie schon eingebaut. Verrußte oder zerstörte Zündkerzen können eine beträchtliche Störwirkung beim 11-m-Empfang erzielen. Gute Zündkerzen und eine richtige Vergasereinstellung sparen nicht nur Benzin, sondern gehören auch zu den Entstörmaßnahmen.

Die Lichtmaschine und der Regler werden zusammen mit zwei Durchführungskondensatoren entstört. Die Kondensatoren brücken die Klemmen 51 und 61 jeweils mit Masse. Bei größeren Lichtmaschinen mit getrenntem Regler empfiehlt es sich, Siebglieder (Entstörfilter), die aus Kondensatoren und Drosseln bestehen, einzubauen. Beim Kauf ist der zu entstörende Frequenzbereich und der Generatortyp anzugeben. Drehstromlichtmaschinen sind im Allgemeinen leichter zu entstören als Gleichstromgeneratoren.

Die Zündspule und der Regler müssen erschütterungsfrei und gut leitend mit der Fahrzeugmasse verbunden sein. Im Zweifelsfall hilft Abschrauben und Aufrauhen der Kontaktflächen mit Schmirgelpapier. Bei elektronischen Reglern erweist sich ein Kondensator von etwa 250 µF zwischen B+ und dem Chassis als vorteilhaft.

Zur Vermeidung elektrostatischer Störungen aus dem Motorraum wird der Keilriemen mit Graphitschmiere elektrisch leitfähig gemacht. Eine solche Schmiere läßt sich einfach durch Verrühren von gleichen Teilen Motoröl und Graphitpulver aus der Drogerie herstellen.

Der Scheibenwischermotor wird mit einem Parallelkondensator von 0,1 . . . 0,5 µF entstört. Besitzt er kein Metallgehäuse, ist er mit einer Metallkappe oder Alufolie abzuschirmen.

Blinker, Hupe, Anlasser und Zigarettenanzünder brauchen nicht entstört zu werden, da sie immer nur kurzzeitig in Betrieb gesetzt werden.

Bild 20 zeigt eine Schaltung, mit der die meisten Kontakte, wie sie in Relais und Schaltern zu finden sind, zu entstören sind. Auch Netzschalter lassen sich damit entstören. Die Betriebsspannung des Kondensators muß in jedem Fall hoch genug sein.

Störungen, die durch elektrostatische Aufladungen der Reifen verursacht werden, sind im 11-m-Band selten. Diese Störungen betreffen vornehmlich langwelligere Bereiche. Trotzdem treten bei manchen wenigen Fahrzeugen auch Reifen-

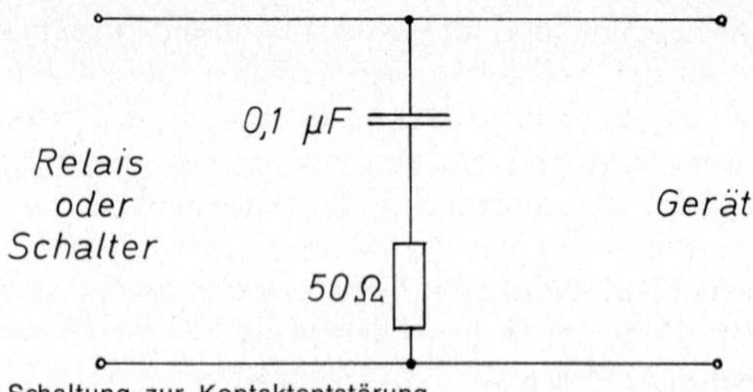

Bild 20 Schaltung zur Kontaktentstörung

störungen im 27-MHz-Bereich auf. Man kann sie feststellen, indem man beim Rollen mit abgestelltem Motor langsam die Bremse tritt. Werden die Störungen schwächer, handelt es sich mit Sicherheit um Reifenstörungen. Ihnen ist mit Massefedern zwischen Achse und Achskappe abzuhelfen (Bild 21). Auch Graphitschmiere kann dazu gute Dienste leisten.

Fahrzeuge mit Kunststoffkarosserie sind empfindlicher gegen Störungen, da keine Abschirmwirkung gegen störende Hochfrequenzen wie bei Metallkarosserien vorhanden ist. Bei diesen Wagen ist eine befriedigende Entstörung kritisch und

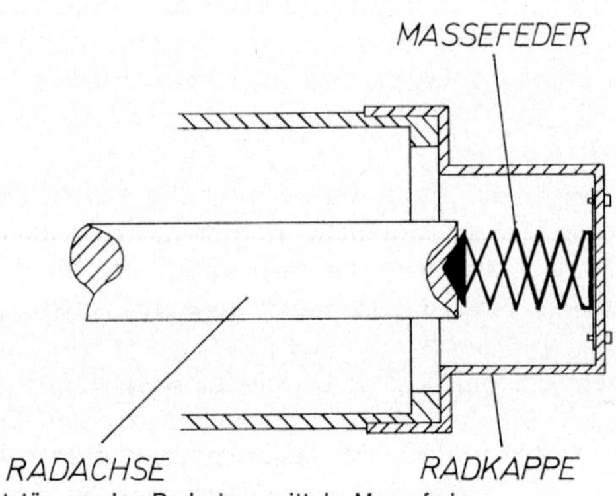

Bild 21 Entstörung der Radachse mittels Massefeder

viel schwieriger als bei Metallautos. Ein engmaschiges Kupfernetz oder Aluminiumfolie um den Motorraum ist in den meisten Fällen die einzig ratsame Methode.

Die Kraftfahrzeugentstörung ist mehr oder weniger eine Glückssache. Viele Fahrzeuge lassen sich mit noch so großem Aufwand nicht restlos entstören. Wer erreicht hat, daß bei laufendem Motor Signale mit einem Wert von S 1 noch verständlich zu lesen sind, sollte es dabei belassen und sich glücklich preisen.

Gleichkanalstörungen

Bei Festfrequenzfunkverkehr, wie er im 11-m-Band üblich ist, kommt es unweigerlich zu Gleichkanalstörungen, wenn mehrere Stationen mit sich überschneidenden Reichweiten gleichzeitig senden. Die Störungen werden zumeist von einem pfeifenden Ton begleitet. Dieses Pfeifen entsteht durch den komplizierten physikalischen Vorgang der Kreuzmodulation (wave interaction).

Zu bestimmten Tageszeiten und besonders an den Wochenenden plagt das üble Gleichkanal-QRM wohl jeden 11-m-Freund. Diesem Mißstand ist nur durch Funkdisziplin und Rücksichtnahme aufeinander zu begegnen. Viele Funker stürmen allzu oft mit ihrem Ruf oder einer Bemerkung in ein QSO. Das ist unhöflich und unfair. Wer so verfährt, weil ja nur zwei schwache Stationen miteinander reden oder gar weil die anderen ihn nichts angehen, sollte dringend seine Gesinnung ändern. Wenn auch noch so schwache Signale auf einem Kanal zu hören sind, und man möchte nicht breaken, ist für den verantwortungsbewußten 11-m-Amateur der Druck auf die PTT-Taste tabu. Schwache Stationen, Jugendliche und Modellbauer haben ein gleiches Anrecht auf die freien Kanäle wie der gebührenzahlende Genehmigungsinhaber. Das Band ist leider nicht für den Hobbyfunk alleine da, deshalb sollten gerade die Hobbyfunker auf die anderen Benutzer Rücksicht nehmen.

Ein in der Nähe sendender Fernsteuerfreund kann die allerschlimmsten Störungen auf einem Kanal verursachen; das ist aber noch kein Grund, das Modell mit einer gezielten Pfeiftonattacke zu zerstören. Der sich immer schlimmer entwickelnde Kleinkrieg zwischen Hobbyfunkern und Modellbauern ist sinnlos. Bei einer Hochfrequenzschlacht zieht der Fernsteuerfan immer den Kürzeren, weil er bei dem Hobbyfunker nur stören und nicht, wie dieser, zerstören kann. Beide Parteien sollten besser das Post- und Fernmeldeministerium auf die unheilvolle Zusammenlegung aufmerksam machen, statt sich zu bekriegen.

Wenn gute Ausbreitungsbedingungen herrschen, sind manchmal andere Stationen kurzzeitig auf einem Kanal zu hören. In den weitaus meisten Fällen sind das starke italienische Stationen. In solch einer Situation wird der Druck auf die Sendetaste niemanden stören. Anders liegt der Fall, wenn solche starken Signale gleichmäßig empfangen werden, und vielleicht sogar zu vermuten ist, daß eine deutsche Station mit in dem QSO ist. Hier kann das Darauflossenden eine DX-Verbindung stören, auch wenn die Gegenstation nicht zu hören ist.

Ein großes Ärgernis stellen die absichtlichen Störsender dar, deren einziger Trumpf die Anonymität ist. Diese „armen Irren" können einen Kanal recht ausdauernd mit unsinnigen Lauten oder einem Dauerrufton lahmlegen. Sie stehen etwa auf der gleichen Stufe wie der anonyme Anrufer am Telefon. Der große Nachteil der 11-m-Freigabe liegt darin, daß auch der an gegenseitigem Funkverkehr nicht Interessierte ein Funkgerät erwerben und betreiben darf.

Gegen das Treiben dieser Leute hilft nur vernünftiges Zureden oder ein Kanalwechsel. Schimpfen und eindringliches Warnen vor Folgen stachelt sie nur zum Weitermachen an. Sehr wirkungsvoll kann in einem solchen Fall ein Rapport und die Angabe des eigenen Standorts sein. Dem Verfasser gelang es schon, einen solchen Tunichtgut zu einem Treff zu überreden und für den Hobbyfunk zu begeistern. Dieser ehemalige Störenfried ist mit seinem CQ-Ruf oft im Band zu hören.

Dieses Beispiel zeigt, daß einige dieser Störsender angehende Hobbyfunker sind, die sich nicht trauen zu rufen und einer Einführung bedürfen.

Überschläge von Nachbarkanälen

Direkt benachbarte starke Stationen sind oft nicht nur auf dem Kanal, auf dem sie gerade senden, sondern auf bis zu zehn Nachbarkanälen zu empfangen. Diese Überschläge sind zumeist schwächer als das Signal auf dem eigentlichen Kanal. Teilweise sind sie auch verzerrt oder ganz zerhackt und unlesbar.

Ihre Ursachen liegen normalerweise zu etwa gleichen Teilen bei der Sende- und der Empfangsstation. Trotz Quarzbetrieb sind die Empfänger in der Regel nicht trennscharf genug für den Nahverkehr. Bei schwachen Signalen ist eine Supertrennschärfe natürlich nicht nötig. Minderwertige Quarze können die Trennschärfe noch breiter und das Gerät damit empfindlicher gegen Überschlagsstörungen machen.

Ganz besonders entstehen diese Überschläge beim verbotenen Betrieb von „Nachbrennern". Es werden dabei ja nicht nur die schon vorhandenen Nebenfrequenzen beträchtlich verstärkt; in diesen Hochfrequenzverstärkern entstehen solche noch dazu.

Eine große Unsitte ist das Fahren eines Nah-QSOs auf zwei Kanälen mittels Überschlag. Das kann unbeabsichtigt geschehen, sollte aber tunlichst vermieden werden. Wer mit einer Station reden will, mit der er keinen gemeinsamen Kanal benutzen kann, sollte andere Funker um QSP bitten.

Besteht die Gefahr, daß sich in direkter Nachbarschaft operierende 11-m-Freunde gegenseitig durch Überschläge stören, wird eine Absprache dringend nötig. So läßt sich zum Beispiel absprechen, wann man sendet oder man benutzt Frequenzen, die weit genug auseinander liegen. In einigen Städten existieren schon regelrechte „Fahrpläne" für das 11-m-Band.

Kontrollen

Kurze Zeit nach der Antragstellung kommt ein Meßwagen der zuständigen Funkstörungsmeßstelle zum Genehmigungsanwärter. Zwei Postbedienstete kontrollieren dann das Gerät. Bei den Messungen wird vor allem auf eventuell auftretende Oberwellen im Rundfunk- oder Fernsehfrequenzbereich geachtet. Auch wird die Ausgangsleistung des Geräts genau gemessen. Die Erfahrung hat gezeigt, daß besonders bei KF-Feststationen die Kontrolle des HF-Output streng ist.

Zu diesen Erstkontrollen werden in unregelmäßigen Zeitabständen stichprobenartige Nachprüfungen durchgeführt. Bei diesen wird besonders beachtet, ob das betriebene Gerät wirklich das genehmigte Gerät ist.

Bei einem Fall in Wiesbaden besaß ein 11-m-Freund zwar die Genehmigung für ein Gerät mit K-Nummer, betrieb aber ein anderes als im Antrag beschrieben. Er wurde ertappt und erhielt eine empfindliche Geldstrafe in Höhe von 600 Mark. Zudem wurde das Gerät eingezogen und die Genehmigung war hin. Man sieht, daß eine Betriebserlaubnis auf keinen Fall als eine Art Freifahrkarte aufzufassen ist.

Die Strafen sind vermutlich so hart, weil selten jemand beim Schwarzfunken erwischt wird. So sind zum Beispiel Leute, die mit einem Handfunkgerät im freien Gelände oder auf einem Berg operieren, überhaupt nicht zu kontrollieren. Sie können beim Nahen eines Meßwagens ja sofort ihr Gerätchen verschwinden lassen.

Nicht alle Funkmeßwagen können den gerade sendenden CB-Kameraden aufspüren. Ja sogar die allerwenigsten „Peilwagen“ sind mit Empfangsanlagen für 27 MHz ausgerüstet. Keine der 60 Funkstörungsmeßstellen in der Bundesrepublik verfügt über einen Meßwagen für 11 Meter. Die großen Meßwagen dieser Abteilungen führen lediglich Feldstärkemessungen in UHF- und VHF-Bereichen durch. Theoretisch könnten sie allerdings einen Sender anpeilen, der sehr starke Fernsehstörungen verursacht, doch wohl kaum einen quarzgesteuerten TX mit einer Ausgangsleistung unter 10 Watt.

Nur von sechs Stellen in der ganzen Bundesrepublik aus kann direkt Jagd auf Schwarzsender gemacht werden, und zwar von den Funkmeßkontrolldiensten in Berlin, Itzehoe, Krefeld, Darmstadt, Konstanz und München.

Dort stehen spezielle Meßwagen mit Empfängern und Antennen für 27 MHz. Wer in der Nähe dieser Städte wohnt, der sollte sich auf gar keinen Fall zum illegalen Funker berufen fühlen.

Kann man bei Funkmeßwagen überhaupt erkennen, für welchen Frequenzbereich sie ausgerüstet sind? Gewiß. Ein echter CB-Funker wird eine 11-m-Antenne bestimmt von einer VHF-Antenne unterscheiden können. Doch eines ist sicher: Meßwagen, die nachts oder am Wochenende umherfahren, machen keine Feldstärkenmessungen, sondern suchen einen hochfrequenten Störenfried.

Bild 22 Eine andere Antenne wird auf den Funkmeßwagen montiert.

Bild 23 Blick ins Innere eines Meßwagens. Auf dem Meßtisch liegt gerade ein Funkgerät.

Viele 11-m-Freunde umgehen in gewissen Situationen gewollt oder ungewollt die strengen Postbestimmungen. Richtige Funker haben nicht nur am Reden und Redenlassen, sondern auch am Probieren und Herumbasteln ihre Freude. Da aber schon geringste Veränderungen an der Funkanlage die Genehmigung verwirken, machen sich viele sonst rechtschaffene Bürger strafbar. Vermutlich könnte die Bundespost die Hälfte aller 11-m-Funker in Deutschland zur Anzeige bringen. Doch das wissen auch die Fahnder. Man sollte in einer prekären Situation vernünftig bleiben und bedenken, daß die Leute vom Meßdienst auch Menschen sind. Es gibt auch bei den strengsten Regeln immer einen Ermessensspielraum. Ebenso wie ein Elfjähriger, der mit einem Mini-Transistor und einem Schwingkreis gespielt hat, nicht vor den Kadi gestellt wird, werden disziplinierte Hobbyfunker wegen Kleinigkeiten nicht angezeigt.

Das 27-MHz-Dilemma

Das 11-m-Band liegt zwischen Kurz- und Ultrakurzwelle. Es ist wegen seiner Reichweitenunzuverlässigkeit und den vielen Störungen für kommerzielle Funkdienste denkbar ungeeignet. Für den Laienfunk ist dieser Frequenzbereich jedoch sehr interessant. Es ist gut, daß in immer mehr Ländern der Jedermannfunk einen festen Platz darauf einnimmt.

Doch ist auf dem Band, verglichen mit den ruhigeren Amateurfrequenzen, der Teufel los. Dem Beobachter kommt dieser Frequenzbereich vor wie eine 100-m-Strecke, auf der tausend Läufer gleichzeitig Bestzeiten erzielen wollen. Während die alten Frequenzgruppen immer weniger benutzt werden, kommen auf den zwölf freien Kanälen von Tag zu Tag mehr Funkfreunde dazu. Es ist verständlich, daß es auf den wenigen Kanälen dauernd zu Überschneidungen kommt. Zieht man von den freigegebenen Frequenzen Kanal 9 und den örtlichen Anruf- oder Hauskanal ab, bleiben letztlich zehn Kanäle für den Hobbyfunk. Durch diese Beengung entsteht leider Egoismus, ja manchmal sogar Haß, unter den Funkern.

Die Freude am Funksport wird dazu noch von rücksichtslosen ausländischen Stationen vergällt. Manche Stationen, besonders im Mittelmeerraum beheimatete, machen mit großen Sendeleistungen und Richtantennen tagsüber viele Kanäle unbrauchbar.

Dieses Dilemma ist durch völlig verschiedene Bestimmungen in den einzelnen Ländern verursacht. In Holland wurde zur gleichen Zeit, als in Deutschland das 27-MHz-Band freigegeben wurde, der private Funk auf 11 Meter völlig verboten und die Geräte eingezogen. In Italien schert sich niemand darum, wenn ein 11-m-Funker mit 200 Watt sendet, während bei uns schon 20 Milliwatt mehr an Sendeleistung beanstandet werden kann.

Da um kein Land unserer Erde ein Faraday'scher Käfig errichtet ist, müssen Regelungen über KW-Sprechfunk international angeglichen sein. Der Amateurfunk funktionierte auch erst dann befriedigend, nachdem er durch weltweit geltende Vereinbarungen abgesichert war.

Viele Kanäle im 27-MHz-Bereich werden kaum oder fast gar nicht genutzt. Es erweist sich als nötig, zu den zwölf freigegebenen Kanälen noch mindestens zwölf weitere für den Hobbyfunk zur Verfügung zu stellen. Eine Freigabe des Bandes nach amerikanischem oder skandinavischem Muster wäre eine sinnvolle Lösung für ganz Europa. Für DX-Verkehr ist die Verwendung von Richtantennen und Einseitenbandtechnik unerläßlich. Richtantennen für AM sind zu Recht verboten, weil dadurch Funker, die Antennen mit Rundstrahlcharakteristik benutzen, benachteiligt werden.

Doch nicht nur die starken Signale aus mediterranen CB-Ländern beeinträchtigen die Funkfreude. Auch deutsche Funkkameraden fabrizieren fleißig Störungen und Überschläge durch den Einsatz von Linearverstärkern. Wer unbedingt mit einer Hochfrequenzleistung von 150 Watt sämtliche Neonlampen der Umgebung heizen will, soll doch die B-Lizenz für Amateurfunk beantragen und nicht das C-Band zerstören.

Trotz aller Schwierigkeiten wird sich der 11-m-Funk weiterentwickeln und sich einen Platz in unserem Leben, sei es im Alltag oder in der Freizeit, erobern.

Anhang

Bandaufteilung nach Bedarfsträgergruppen bis zur Freigabe im Juni 1975

Gruppe	Kanal	Frequenz	Bedarfsträger
I	1	26,965	Polizei, Grenzschutz, Feuerwehr
	2	26,975	Zoll, Sicherheitsdienst, Deutsches
	3	26,985	Rotes Kreuz, Technisches Hilfs-
	4	26,995	werk, Bergnotdienste, DLRG
	5	27,005	
	6	27,015	
	7	27,025	
	8	27,035	
II	10	27,055	Strom-, Gas- und Wasserwerke,
	11	27,065	Vermessungsämter, Forstdienste
	12	27,075	Seilbahnen, Bautrupps usw.
	13	27,085	
III	14	27,155	Industrieunternehmen, Hoch- und
	15	27,165	Tiefbau, Werkschutz
	16	27,175	
	17	27,185	
IV	21	27,225	Handelsunternehmen, Kranken-
	22	27,235	häuser, Bühnen, Filmstudios,
	23	27,245	Reitsport, Radrennen, Jagd, Se-
	24	27,255	geln, Ärzte, Antennenbau
	25	27,265	
	26	27,275	
V	20	27,215	Sonstige

Gegenüberstellung der alten zu den neuen Kanalnummern

Die 12 freien Kanäle sind mit + gekennzeichnet

alte Kanal-Nr.	Frequenz (MHz)	neue Kanal-Nr.
1	26,965	1
2	26,975	2
3	26,985	3
4	26,995	A (3 M)
5	27,005	+ 4
6	27,015	+ 5
7	27,025	+ 6
8	27,035	+ 7
9	27,045	B (7 M)
10	27,055	+ 8
11	27,065	+ 9
12	27,075	+ 10
13	27,085	+ 11
	27,095	11 A (11 M)
	27,105	+ 12
	27,115	+ 13
	27,125	+ 14
	27,135	+ 15
	27,145	C (15 M)
14	27,155	16
15	27,165	17
16	27,175	18
17	27,185	19
18	27,195	D (19 M)
19	27,205	20
20	27,215	21
21	27,225	22
22	27,235	E (22 M)
23	27,245	F
24	27,255	23
25	27,265	G
26	27,275	24

IV

Quarztabelle

Kanal	Sendequarz	Empfängerquarz Einfachsuper	Empfängerquarz Doppelsuper
1	26,965	26,510	20,465
2	26,975	26,520	20,475
3	26,985	26,530	20,485
A	26,995	26,540	20,495
4	27,005	26,550	20,505
5	27,015	26,560	20,515
6	27,025	26,570	20,525
7	27,035	26,580	20,535
B	27,045	26,590	20,545
8	27,055	26,600	20,555
9	27,065	26,610	20,565
10	27,075	26,620	20,575
11	27,085	26,630	20,585
11 A	27,095	26,640	20,595
12	27,105	26,650	20,605
13	27,115	26,660	20,615
14	27,125	26,670	20,625
15	27,135	26,680	20,635
C	27,145	26,690	20,645
16	27,155	26,700	20,655
17	27,165	26,710	20,665
18	27,175	26,720	20,675
19	27,185	26,730	20,685
D	27,195	26,740	20,695
20	27,205	26,750	20,705
21	27,215	26,760	20,715
22	27,225	26,770	20,725
E	27,235	26,780	20,735
F	27,245	26,790	20,745
23	27,255	26,800	20,755
G	27,265	26,810	20,765
24	27,275	26,820	20,775

dB-Tabelle

Faktor bei + dB				Faktor bei – dB
Leistung	Spannung	dB	Spannung	Leistung
1,12	1,06	0,5	0,94	0,89
1,26	1,12	1	0,89	0,79
1,58	1,26	2	0,79	0,63
2	1,41	3	0,71	0,5
3,16	1,78	5	0,56	0,32
3,98	2	6	0,5	0,25
6,31	2,51	8	0,4	0,16
10	3,16	10	0,32	0,1
	4	12	0,25	
	5	14	0,2	
31,62	5,62	15	0,18	0,03
	8	18	0,125	
100	10	20	0,1	0,01
	16	24	0,063	
	20	26	0,05	
	25	28	0,04	
	40	32	0,025	
	50	34	0,02	
	80	38	0,0125	
10000	100	40	0,01	0,0001
	316	50	0,003	
	1000	60	0,001	
	10000	80	0,0001	

Freigegebene Frequenzen in anderen CB-Ländern

Frequenz	Schweiz	Italien	Schweden	USA	Kanada
26,965			1	1	1
26,975			2	2	2
26,985			3	3	3
26,995					
27,005	4	4	4	4	4
27,015	5	5	5	5	5
27,025	6	6	6	6	6
27,035	7	7	7	7	7
27,045					
27,055	8	8	8	8	8
27,065	9	9	9	9	9
27,075	10	10	10	10	10
27,085	11	11	11	11	11
27,095			11 A		
27,105	12	12	12	12	12
27,115	13	13	13	13	13
27,125	14	14	14	14	14
27,135	15	15	15	15	15
27,145					
27,155			16	16	16
27,165			17	17	17
27,175			18	18	18
27,185			19	19	19
27,195					
27,205			20	20	20
27,215			21	21	21
27,225			22	22	22
27,235					
27,245					
27,255				23	23
27,265					
27,275					

Literaturverzeichnis

1. Amtsblatt des BM für das Post- und Fernmeldewesen Jahrgang 1975 Nr. 70
2. Bestimmungen über den Amateurfunk, BM für das Post- und Fernmeldewesen, Bonn 1975
3. WIGAND/GROSSMANN: „Senden und Empfang ...“ Teil 1 Lehrmeister-Bücherei, Philler-Verlag, Minden
4. WIGAND/GROSSMANN: „Senden und Empfang ...“ Teil 3 Lehrmeister-Bücherei, Philler-Verlag, Minden
5. E. HILLER: „Empfangsantennen“ Lehrmeister-Bücherei, Philler-Verlag, Minden
6. E. HILLER: „Sendeantennen“ Lehrmeister-Bücherei, Philler-Verlag, Minden
7. G. ROSE: „Formelsammlung für Radiopraktiker“ Franzis-Verlag, München
8. H. G. MENDE: „Funkentstörungspraxis“ Franzis-Verlag, München
9. „Break-Pause Nr. 2“, CB-Funk-Mannheim-IG Eigenverlag Echo Mannheim 2
10. „Break-Pause Nr. 3“, CB-Funk-Mannheim-IG Eigenverlag Echo Mannheim 2
11. „CB-Radio Nr. 7“ Körner, Stuttgart 1975
12. „CB-Radio Nr. 2“ Körner, Stuttgart 1976
13. H. J. HENSKE: „Handbuch der kurzen Welle“ Lehrmeister-Bücherei, Philler-Verlag, Minden
14. MEWES, MÖLLER, RÖTTGER: „Kurzwellenausbreitung“ Max-Planck-Institut für Aeronomie, Lindau 1972